看视频学

数控车床加工实战

王兵 张卫东 编著

U0284816

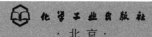
化学工业出版社

·北京·

图书在版编目(CIP)数据

看视频学数控车床加工实战/王兵，张卫东编著. —北京：
化学工业出版社，2018.1（2019.4 重印）
ISBN 978-7-122-29840-9

Ⅰ.①看… Ⅱ.①王…②张… Ⅲ.①数控机床-车床-加工
Ⅳ.①TG519.1

中国版本图书馆 CIP 数据核字（2017）第 126408 号

责任编辑：王 烨 项 潋　　　　　　　　文字编辑：陈 喆
责任校对：王素芹　　　　　　　　　　　装帧设计：刘丽华

出版发行：化学工业出版社（北京市东城区青年湖南街 13 号　邮政编码 100011）
印　　装：北京虎彩文化传播有限公司
710mm×1000mm　1/16　印张 10¼　字数 212 千字　2019 年 4 月北京第 1 版第 2 次印刷

购书咨询：010-64518888　　　　　　　　售后服务：010-64518899
网　　址：http://www.cip.com.cn
凡购买本书，如有缺损质量问题，本社销售中心负责调换。

定　　价：49.00 元　　　　　　　　　　　　　版权所有　违者必究

前言
FOREWORD

职业技能培训是增强劳动者知识与技能水平，提高劳动者就业能力的有效途径。数控车削是机械加工最主要的加工方法之一。随着市场经济的发展，企业不但需要高素质的管理者，更需要高素质的技术人才。只有操作人员技术过硬，才能确保产品加工质量，从而提高生产率，使企业获得良好的经济效益。

本书根据数控车工的培养目标，针对其工作需求，以工作过程为导向，以技能实操为主线，循序渐进，强化训练。本书主要有以下特色。

1. 图表图解，详析技能操作

通过图表图解，将加工实战中复杂的知识与大量细节简单化、清晰化，语言简洁，贴近现场，达到了读图学习技能知识的目的，有利于读者的理解和掌握。

2. 引入典型零件，扩展编程视野

大量引入典型零件，通过对诸多典型零件的编程与加工，举一反三，使读者融会贯通，从而拓展加工编程视野。

3. 二维码扫描观看编程加工视频，体验实战加工

扫描二维码观看零件加工视频，体验实战加工场面，从而对零件加工编程有一个形象的认识。

本书不仅可作为各层次读者自学用书，也可作为机械制造企业技术工人的学习读物，还可以作为各职业鉴定培训机构和职业技术院校的培训教材。

本书由王兵，张卫东编著。毛江华、刘义、杨东、刘莉玲、万莉、叶广明、张军、曾艳等也为本书的编写提供了帮助。

由于编著者水平有限，书中不足之处在所难免，恳请广大读者批评指正，以利提高。

编著者

目录
CONTENTS

第 3 章　套类工件的加工编程

第 4 章 螺纹工件的加工编程 / 101

第 5 章 复杂工件的加工编程 / 129

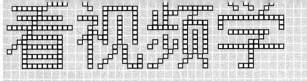

数控车床加工实战

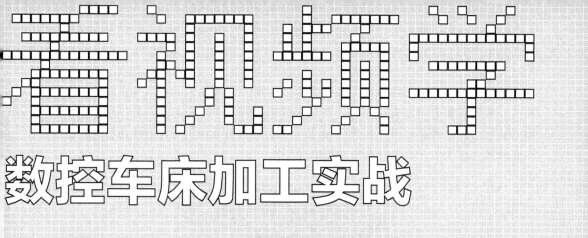

看视频学

数控车床加工实战

chapter1

第1章

数控车床编程与基本操作

数控车床是数字程序控制车床的简称，它集万能型车床的通用性、精密型车床的高加工精度和专用型普通车床的高加工效率等特点于一身，是一种以数字量作为指令信息形式，并通过数字逻辑电路或计算机控制的机床，是目前使用较为广泛的数控机床。图 1-1 所示为一台典型的数控车床。

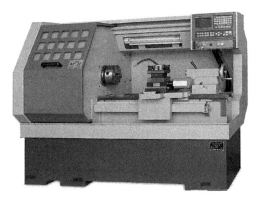

图 1-1　数控车床

1.1　认识数控车床

1.1.1　数控车床的结构组成

数控车床的种类很多，但其结构主要由车床主体、数控装置、伺服驱动系统和辅助装置等部分组成，见表 1-1。

表 1-1　数控车床的结构组成

部件名称	图　　示	说　　明
车床主体	回转刀架　主轴　尾座　床身	数控车床机械本体,包括床身、主轴、刀架部分、进给系统等
数控装置		数控车床的控制核心部件,由各种数控系统完成对数控车床的控制

部件名称		图　示	说　明
伺服驱动系统			数控车床的执行机构。主要用来接收数控装置输出的指令信息。其输出端是数控车床刀架运动部分的驱动元件
其他装置	冷却装置		加工过程中对设备起到冷却作用
	润滑系统		对导轨、传动齿轮、滚珠丝杠及主轴箱等起到润滑作用
	排屑装置		将切屑从加工区域排到数控车床之外，常见的排屑装置有平板链式、刮板式和螺旋式三种

1.1.2　数控车床的工作原理

　　数控车床加工零件时，一般先根据被加工零件的图样，用规定的数字代码和程序格式编制程序单，再将编制好的程序单记录在信息介质上，通过阅读机把信息介质上的代码转换为电信号，并输送到数控装置，数控装置将接收到的信号进行处理后，以脉冲信号形式向伺服系统发出执行指令，伺服系统接到指令后，驱动车床各进给机构按规定的加工顺序、速度和位移量，完成对零件的车削。基本工作原理如图1-2所示。

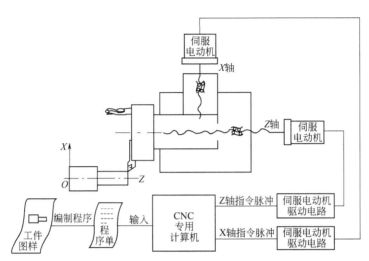

图 1-2　数控车床的基本工作原理示意图

1.1.3　数控车床的加工应用范围

(1) 数控车床的加工范围

与普通车床一样，数控车床也用来加工轴类或盘类零件，其加工零件的尺寸精度可达 IT5～IT6，表面粗糙度可达 $1.6\mu m$ 以下。它的加工应用范围包括：

① 各种回转表面，如内外圆柱面、圆锥表面、成形回转表面、端面及螺纹面等；

② 各种高精度的曲面；

③ 端面螺纹；

④ 钻、扩、铰孔和切槽等。

(2) 数控车床的配置与加工能力

数控车床的结构配置不同，其加工能力也不尽相同，见表 1-2。

表 1-2　数控车床的配置与加工能力

机型配置		加工能力		
标准 2 轴				
C 轴＋动力刀架				

机型配置		加工能力
副主轴	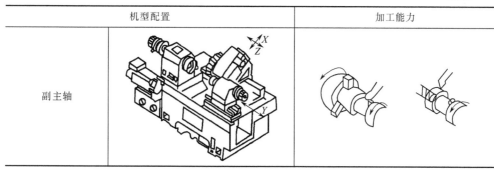	

1.1.4 数控车床的分类

数控车床的品种繁多，规格不一，可按如下方法进行分类。

(1) 按数控系统的功能分类

按这种分类方法可将数控车床分为经济型数控车床、全功能型数控车床、车削中心、FMC 车床，见表 1-3。

表 1-3 按数控系统功能分类的数控车床

类 型	图 示	说 明
经济型		加工具有针对性,价格低廉,但功能较为简单,主要由机械和电气控制两大部分组成
全功能型		能自动地完成对轴类及盘形类零件的内外圆柱面、圆锥面、圆弧面及螺纹等的切削加工,并能进行切槽、钻孔、扩孔和铰孔等。加工精度稳定、灵活,适应多品种、小批量生产自动化的要求,特别适合加工形状复杂的轴类和盘类零件
车削中心		以车床为基本体,并在其基础上进一步增加动力铣、钻、镗以及副主轴的功能,使需多次加工的工序一次完成

续表

类　型	图　示	说　明
FMC 车床		全称 Flexible Manufacturing Cell(柔性加工单元)，由数控车床、机器人等构成，能实现一系列自动化加工

（2）按主轴位置分类

这类数控车床按主轴位置可分为卧式和立式，见表 1-4。

表 1-4　按主轴位置分类的数控车床

类　型	图　示	说　明
卧式		主轴轴线处于水平位置，能够加工多种零件的内外圆、端面、切槽、任意锥面、球面及公、英制螺纹、圆锥螺纹等，适合大批量生产。是应用最为广泛的数控车床
立式		主轴垂直于水平面，并有一个直径很大的圆形工作台，用来装夹零件。主要用于加工径向尺寸较大、轴向尺寸相对较小的大型复杂零件

（3）按刀架数量分类

数控车床按刀架数量可分为单刀架数控车床和双刀架数控车床，如图 1-3 所示。

（4）按控制方式分类

数控车床的伺服系统实际上是根据其不同的控制方式分类的，即按车床有无检测反馈元件以及检测装置分类，见表 1-5。

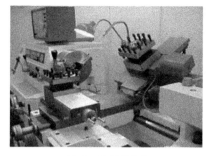

(a) 单刀架数控车床　　　　　　　　　　　(b) 双刀架数控车床

图 1-3　数控车床按刀架数量的分类

表 1-5　按控制方式分类的数控车床

类　型	图　示	说　明
开环伺服	指令输入 → 数控装置 →进给脉冲→ 步进电动机驱动器 → 步进电动机 → 齿轮箱 → 工作台	没有位置检测元件,伺服驱动部件通常为反应式步进电动机或混合式伺服步进电动机。结构较简单、成本较低,在精度要求不太高的场合中得到较广泛的应用
闭环伺服	位置信号 → 位置比较环节 → 速度控制环节 → 伺服驱动器 → 伺服电动机 → 工作台;位置反馈、速度反馈、Ⓐ、位置测量装置	采用直线型位置检测装置对数控车床工作台位移进行直接测量并进行反馈控制的位置伺服系统。精度较高,但系统的结构较复杂、成本高,且调试维修较难,因此多用于大型精密车床
半闭环伺服	位置信号 → 位置比较环节 → 速度控制环节 → 伺服驱动器 → 伺服电动机 → 工作台;位置反馈、速度反馈、Ⓐ、角位移测量装置	采用旋转型角度测量元件和伺服电动机按照反馈控制原理构成的位置伺服系统。驱动功率大,响应快速,适用于各种数控机床

（5）按数控车床主轴数量分类

这种分类方法可将数控车床分为单主轴数控车床（图 1-4）和多主轴数控车床（图 1-5）。

（6）按特殊或专门的用途分类

这种方法可把数控车床分为螺纹、活塞、曲轴等（类型），如图 1-6 所示。螺纹数控车床主要用于加工生产各种螺纹；活塞数控车床主要适用于汽车、拖拉机制造中对内燃机活塞的外圆、环槽及顶面的精加工；曲轴数控车床是专门加工各种曲轴轴承室的专用机床。

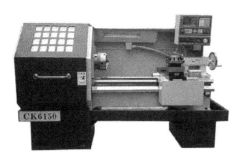

图 1-4　单主轴数控车床

图 1-5　双主轴数控车床

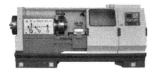

(a) 螺纹数控车床

(b) 曲轴数控车床

图 1-6　特殊或专门用途的数控车床

1.1.5　数控车床的布局

(1) 影响数控车床布局的因素

数控车床的布局形式与普通车床基本一致，也受多个方面的影响。

① 工件尺寸、质量和形状的影响。随着工件尺寸、质量和形状的变化，数控车床的布局有卧式、落地式（端面）、单柱立式、双柱立式和龙门移动式，立式车床的区别，如图 1-7 所示。

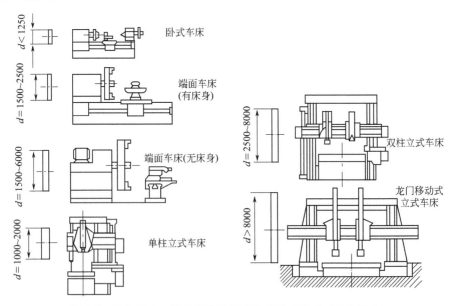

图 1-7　工件尺寸、质量和形状对车床布局的影响（d 为直径）

② 车床精度的影响。为提高车床的工作精度，降低车床工作时切削力、切削热和切削振动对自身的影响，数控车床在布局时就必须考虑它各部件的刚度、抗震性和热变形敏感性等问题。否则，会对加工尺寸造成一定的影响。

③ 车床生产率的影响。因对生产率要求的不同，数控车床的布局可以分为单主轴单刀架、双主轴单刀架以及双主轴双刀架等不同的结构。

（2）床身和导轨的布局

数控车床床身和导轨水平面的相对位置如图 1-8 所示。

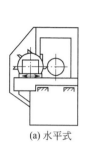 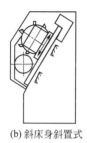 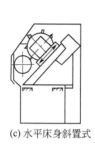 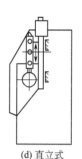

(a) 水平式　　　(b) 斜床身斜置式　　　(c) 水平床身斜置式　　　(d) 直立式

图 1-8　数控车床的床身和导轨布局示意图

对于大型数控车床或小型精密数控车床，一般都采用水平式。水平式布局的车床工艺性好，便于导轨面的加工，同时也能提高刀架运动精度。但由于刀架水平放置，使得滑板横向尺寸较大，从而也使得车床宽度加大。另外，由于床身下部空间小，所以排屑困难。对于一般小型数控车床，为了排屑的方便性，多采用斜置式。其导轨倾斜角度分别为 30°、45°、60°、75°等，当导轨倾斜角度为 90°时，称为直立式。倾斜角度的大小直接影响着车床外形尺寸高度与宽度的比例。

在图 1-8 中，图 1-8（b）、（c）虽均为斜置式，但两者也有一定的区别。图 1-8（b）为斜床身斜面滑板布局，图 1-8（c）为水平床身斜面滑板布局。这两种布局形式的优点是：排屑容易，热切屑不会堆积于导轨上，便于安装自动排屑器，易于安装机械手以实现单机自动化，且操作方便、车床占地面积较小、容易实现封闭式防护。

（3）刀架的布局

刀架是数控车床的重要部件，它分为工位刀架和排式刀架两大类，见表 1-6。

表 1-6　数控车床刀架

分　类		图　示	说　明
工位刀架	四工位		数控车床最常用的一种刀架，多用于二坐标控制的数控车床。四工位用于加工轴类和盘形类零件。多工位刀架回转轴与车床主轴平行，可装夹多把刀具，用于加工盘形类零件

续表

分　类		图　　示	说　　明
工位刀架	多工位	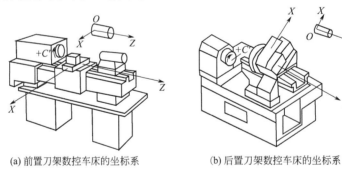	数控车床最常用的一种刀架，多用于二坐标控制的数控车床。四工位用于加工轴类和盘形类零件。多工位刀架回转轴与车床主轴平行，可装夹多把刀具，用于加工盘形类零件
排式刀架			一般用于小规格数控车床，以加工棒料或盘类零件为主

1.2　数控车床编程加工基础

1.2.1　坐标系

(1) 数控车床坐标系

数控车床坐标系如图 1-9 所示。

(a) 前置刀架数控车床的坐标系　　　　(b) 后置刀架数控车床的坐标系

图 1-9　数控车床坐标系

　　① Z 坐标方向。Z 坐标的运动由主要传递切削动力的主轴所决定。根据坐标系正方向的定义，刀具远离工件的方向为该轴的正方向，即沿着 Z 轴正方向移动将增大零件和刀具间的距离。

　　② X 坐标方向。X 坐标一般为水平方向并垂直于 Z 轴，对于工件旋转的机床（如车床），规定 X 坐标方向在工件的径向上且平行于车床的横导轨。同时也规定其刀具远离工件的方向为 X 轴的正方向，即沿着 X 轴正方向移动将增大零件和刀具间的距离。

（2）机床原点

机床原点又称机床零点即 O 点，是指机床上设置的一个固定点，即机床坐标系的原点。它在机床装配、调试时就已经调整好了，一般情况下不允许用户进行更改。

机床原点又是数控机床进行加工或位移的基准点。有一些数控机床将机床原点设定在卡盘中心处，如图 1-10 所示。还有一些数控机床将机床原点设定在刀架位移的正向极限位置，如图 1-11 所示。

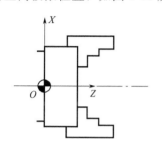

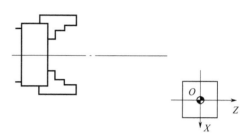

图 1-10　机床原点设定于卡盘中心　　　　图 1-11　机床原点设定于刀架正向运动极限点

（3）工件坐标系原点

工件坐标系原点亦称编程原点（或程序原点），该点是指工件装夹完成后，选择工件上的某一点作为编程或工件加工的基准点。

数控车床工件坐标系原点的选取如图 1-12 所示。X 向一般选在工件的回转中心，而 Z 向一般选在加工完工件的右端面或左端面。采用左端面作为 Z 向工件原点，有利于保证工件的总长，而采用右端面作为 Z 向工件原点时，则有利于对刀。

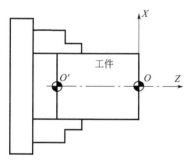

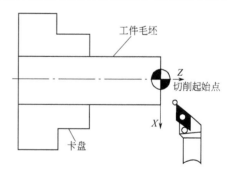

图 1-12　工件坐标系原点　　　　　　图 1-13　起刀点示意图

（4）起刀点、换刀点的确定

① 起刀点。起刀点即切削起始点，是指在数控车床上加工零件时，刀具相对于零件的起点。起刀点是指循环车削指令的起始点，也是循环车削指令的终止点。实际操作中起刀点在 X 方向取毛坯直径，Z 方向一般设在距离零件右端面 2～5mm 处，如图 1-13 所示。

② 换刀点。换刀点是零件程序开始加工或在加工过程中更换刀具的位置，如图 1-14 所示。设立换刀点的目的是为了在更换刀具时让刀具处于一个比较安全的区域。换刀点可远离工件和尾座，也可在便于换刀的任何地方，但该点与工作编程

原点之间必须有确定的坐标系。

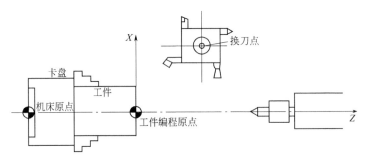

图 1-14　换刀点

1.2.2　数控编程的方法

（1）手工编程

数控编程通常分为手工编程和自动编程两大类。目前国内大部分的数控车床为手工编程，从零件图样分析、工艺处理、数值计算、编写零件加工程序单、程序输入直到程序校验等各阶段均由人工完成。对于加工形状简单的零件，计算比较简单，程序不多，采用手工编程既经济又及时，比较容易完成。

手工编程的步骤主要包括：分析零件图样、确定加工工艺过程、计算加工轨迹尺寸、编写零件加工程序、制作控制介质及校对程序及首件试切，如图 1-15 所示。

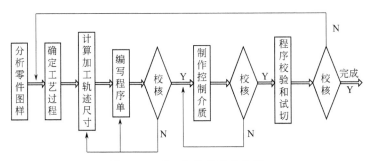

图 1-15　手工数控编程的步骤

（2）常用术语与指令代码

① 字符。字符是组织、控制或表示数据的各种符号，如字母、数字、标点符号和数学运算符号等。在功能上，字符是计算机进行存储或传递的信号；在结构上，字符是加工程序的最小组成单位。常规加工程序用的字符分为四类，一是包含 26 个英文字母的字母字符；二是由阿拉伯数字 0～9 与小数点组成的数字字符；三是由正（＋）、负号（－）组成的运算符号字符；四是由程序指令或车床控制指令组成的功能字符。

② 地址和地址字。地址又称为地址符，在数控加工中，它是指位于字头的字符或字符组，用以识别其后的数据；在传递信息时，它表示出处或目的地。在加工程序中常用的代码有 O、N、G、X、Z、U、W、I、K、R、F、S、T 和 M 等字符。字符的含义见表 1-7。

表 1-7　常用地址符的含义

代　码	功　能	备　注
O	程序号	
N	程序段号	顺序号
G	准备功能	定义运动方式
X、Y、Z U、V、W A、B、C R I、J、K	坐标地址	轴向运动指令 附加轴运动指令 旋转坐标轴 圆弧半径 圆心坐标
F	进给速度	定义进给速度
S	主轴转速	定义主轴转速
T	刀具功能	定义刀具号
M	辅助功能	机床的辅助动作
P	子程序号	
L	重复次数	子程序的循环次数

地址字也称为程序字，它是由带有地址的一组字符组成的字。数控加工程序中常用的地址字有以下两种。

a.顺序号字。顺序号一般也称为程序段号（或程序段序号），它表示程序段的名称。顺序号字符位于程序段之首（也可用于引导程序、主程序、子程序和用户宏程序中），其地址符为 N，后续数字一般为 1～9999 中的某个 1～4 位数字。

b.准备功能字。准备功能字是设立机床工作方式或控制系统工作方式的一种命令，其地址符为 G，故又称为 G 功能或 G 指令。G 指令由字母 G 及其后续二位数字组成，从 G00 到 G99 共 100 种代码。见表 1-8。

表 1-8　FANUC 数控系统 G 功能指令

指　令	组	功　能	说明(后续地址字)
＊ G00		快速定位	X、Z
G01	01	直线插补	X、Z
G02		圆弧插 CW(顺时针)	X、Z、I、K、R
G03		圆弧插补 CCW(逆时针)	X、Z、I、K、R
G04	00	暂停	U(P)
G20	06	英制输入	
G21		米制输入	
G28		回归参考点	X、Z
G29	00	由参考点回归	X、Z
G30		回归第二参考点	

续表

指　　令	组	功　　能	说明(后续地址字)
G32	01	螺纹切削(同参数指定绝对值和增量)	X、Z、F、E
* G40	07	刀具补偿取消	
G41		左半径补偿	
G42		右半径补偿	
G50	00	主轴最高转速设置(坐标系设定)	X、Z
G52		设置局部坐标系	
G53		选择机床坐标系	
* G54	14	选择工件坐标系1	
G55		选择工件坐标系2	
G56		选择工件坐标系3	
G57	14	选择工件坐标系4	
G58		选择工件坐标系5	
G59		选择工件坐标系6	
G70	00	精加工循环	P、Q
G71		内/外径粗切循环	X、Z、U、W、C、P
G72		台阶粗切循环	Q、R、E
G73		成形重复循环	U、W、R、S、T
G74		Z向进给钻削	E、X、Z、W、I、K、D、F
G75		X向切槽	E、X、Z、I、K、D、F
G76		切螺纹循环	M、R、
* G80	10	固定循环取消	
G83		钻孔循环	
G84		攻螺纹循环	
G85		正面镗循环	
G87		侧钻循环	
G88		侧攻螺纹循环	
G89		侧镗循环	
G90	01	(内/外直径)切削循环	X、Z、F
G92		切螺纹循环	X、Z、R、F
G94		(台阶)切削循环	X、Z、R、F
G96	12	恒线速度控制	
* G97		恒线速度取消	
G98	5	指定每分钟移动量	
* G99		指定每分钟转动动量	

注:00组的G代码为非模态代码;表中带 * 者为开机时初始化的代码。

③ 坐标尺寸字。它是用来指定程序中刀具应达到的坐标位置的。该位置可以由直线坐标尺寸确定，也可以由角度坐标确定。

④ 进给功能字。进给功能的地址符为 F，故又称为 F 功能或 F 指令。它是主要用于指令进给（切削）速度的地址字，其后续数字也可以为 00～99 约定的两位数代码。

⑤ 主轴转速功能字。主轴转速功能字的地址符为 S，因而也称为 S 功能或 S 指令。它主要用于指令机床主轴转速和地址字，单位是 r/min 或 m/min。其后续数字可以是一位到四位。对于具有恒线速度切削功能的数控车床，其加工程序中的 S 指令不指令恒定转速，而是指令恒定的线速度（m/min），即在车削时，其主轴转速应随车削直径的变化而相应变化，始终保持其线速度为给定的恒定值。

⑥ 刀具功能字。刀具功能字的地址符为 T，因而也称为 T 功能或 T 指令。其 T 代码用于选刀，执行 T 指令，刀架转动，选用指定的刀具。其后的 4 位数字分别表示选择刀具的刀具号和刀具补偿号。T 代码与刀具的对应关系是由机床生产厂家规定的。

⑦ 辅助功能字。辅助功能字的地址符为 M，因而也称为 M 功能或 M 指令。它是用以指令数控机床中辅助装置的开关动作或状态，与 G 指令正相关。M 指令由字母 M 和其后的两位数字组成，从 M00～M99 共 100 种。M 指令分为模态指令与非模态指令，其功能代码见表 1-9。

表 1-9　数控车床辅助功能字 M 代码

代　码	功能开始时间		模　态	非模态	功能说明
	与程序段指令运动同时开始	在程序段指令运动完成后开始			
M00		*		*	程序停止（加工程序暂停，按循环启动键则取消 M00 状态）
M01		*		*	计划停止（常用于关键尺寸的检验和临时暂停）
M02		*		*	程序结束（加工程序全部结束，机床复位）
M03	*			*	主轴顺时针方向运转
M04	*			*	主轴逆时针方向运转
M05		*		*	主轴停止
M06	#	#			自动换刀
M07	*			*	2 号切削液开
M08	*			*	1 号切削液开
M09		*		*	切削液关
M10	#	#		*	夹紧

续表

代码	功能开始时间		模态	非模态	功能说明
	与程序段指令运动同时开始	在程序段指令运动完成后开始			
M11	#	#	*		松开
M12	#	#	#	#	不指定
M13	*		*		主轴顺时针运转,切削液开
M14	*		*		主轴逆时针运转,切削液开
M15	*			*	正运动
M16	*			*	负运动
M17～M18	#	#	#	#	不指定
M19		*	*		主轴定向
M20～M29	#	#	#	#	永不指定
M30		*		*	纸带结束(程序结束并返回程序的第一条语句)
M31	#	#		*	互锁旁路
M32～M35	#	#	#	#	不指定
M36	*			#	进给范围1
M37	*			#	进给范围2
M38	*			#	主轴速度范围1
M39	*			#	主轴速度范围2
M40～M45	#	#	#	#	不指定或齿轮换挡
M46～M47	#	#	#	#	不指定
M48		*	*		注销M49
M49	*			#	进给率修正旁路
M50	*			#	3号切削液开
M51	*			#	4号切削液开
M52～M54	#	#	#	#	不指定
M55	*			#	刀具直线位移,位置1
M56	*			#	刀具直线位移,位置2
M57～M59	#	#	#	#	不指定
M60		*		*	更换零件
M61	*			#	零件直线位移,位置1
M62	*		*		零件直线位移,位置2

代　码	功能开始时间		模　态	非模态	功能说明
	与程序段指令运动同时开始	在程序段指令运动完成后开始			
M63～M70	#	#	#	#	不指定
M71	*		*		零件角度位移，位置1
M72	*				零件角度位移，位置2
M73～M89	#	#	#	#	不指定
M90～M99	#	#	#	#	永不指定

注：1."#"号表示若选作特殊用途，必须在程序中注明。

2."*"号表示对该具体情况起作用。

3. M90～M99 可指定为特殊用途。

非模态 M 功能只在书写了该代码的程序段中有效，模态 M 功能为一组可相互注销的 M 功能，这些功能在被同一组的另一个功能注销前一直有效。一般情况下，数控车床上常用的辅助功能中，M00、M02、M30、M98、M99 为 CNC 内定的辅助功能，不由数控车床生产制造商设定，与数控车床的 PLC 设定无关。它们其余的功能不由 CNC 决定，可以由数控车床生产制造商自行设定，其功能含义可能各不相同，因而使用时应参照所用数控系统（说明书）的具体规定。

(3) 数控加工程序的格式与组成

数控加工程序是由遵循一定结构、句法和格式规则的若干个程序段组成，每个程序段由若干个指令字组成。一个完整的数控加工程序由程序号、程序主体和程序结束符三部分组成，如图 1-16 所示。

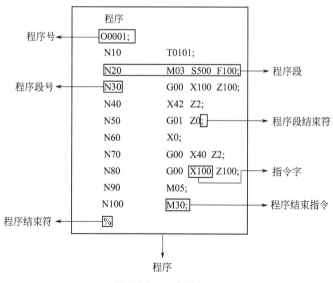

图 1-16　程序的结构

程序号位于数控加工程序主体之前，是数控加工程序的开始部分，一般独占一行。为了区别存储器中的数控加工程序，每个数控加工程序都要有程序号。程序号一般以规定的字母"O""P"或符号"％"":"开头，后面紧跟若干位数字。常用的有两位和四位数两种，前面的"0"可以省略（但其后续数字切不可为4个"0"）。

程序的主体也就是程序的内容，它是整个程序的核心部分，由多个程序段组成。程序段是数控程序中的一句，单列一行，表示零件的一段加工信息，用于指令机床完成某一个动作。若干个程序段的集合，则完整地描述了某一个零件加工的所有信息。

通常在程序结束的最后会有程序结束指令。用于停止主轴、切削液和进给，并使控制系统复位。程序结束的标记符一般与程序起始符相同。程序结束以程序结束指令（结束标记）M02或M30作为整个程序的结尾，来结束整个程序。M02或M30允许与其他程序字合用一个程序号，但最好还是将其单列一段。

1.3 数控车床的基本操作

1.3.1 安全文明生产

"高高兴兴上班来，平平安安回家去"是职场安全的基本要求，因此在生产中必须严格按规范操作。

(1) 文明生产

文明生产是现代企业制度中一项十分重要的内容，而数控加工是一种先进的加工方法。与普通机床加工相比，数控车床自动化程度高。操作者除了应了解数控车床的性能外，还应用心操作。一是要管好、用好和维护好数控车床，二是必须养成文明生产的良好工作习惯和严谨的工作作风，也必须具备强烈的责任心和良好的合作精神。

(2) 安全操作注意事项

要使数控车床能充分发挥出其应有的作用，必须严格按照（数控车床）操作规程去做，具体要求为：

① 进入数控实训场地后，应服从安排，不得擅自启动或操作车床数控系统。

② 按规定穿戴好工作服、帽子、护目镜等。

③ 不准穿高跟鞋、拖鞋上岗，更不允许戴手套和围巾进行操作。

④ 开车床前应仔细检查车床各部分是否完好，各传动手柄、变速手柄的位置是否正确；还须按要求认真对车床进行润滑保养。

⑤ 操作、使用数控系统面板时，对各按键、按钮及开关的操作不得用力过猛，更不允许用扳手或其他工具进行操作或敲击。

⑥ 严禁两人同时操作车床，防止意外伤害事故发生。

⑦ 手动操作中，应注意观察，防止刀架、刀架电动机与车床尾座等部位发生碰撞，造成设备或刀具的损坏。

⑧ 操作过程中，工具、量具、工件、夹具等应放置在规定位置，不得放置在溜板、床头箱、防护罩上。卡盘扳手任何时候都不得"停放"在卡盘上。

⑨ 车床使用中，发现问题应及时停机并迅速汇报。

⑩ 完成对刀后，要做模拟换刀试验，以防止正式操作时发生撞坏刀具、工件

或设备的事故。

⑪ 车床进行自动加工时，应关闭防护门，随时注意观察。在车床加工过程中，不允许离开操作岗位，以确保安全。

⑫ 观察者应选择好观察位置，不要影响操作者的操作，不得随意开启防护门、罩进行观察。

⑬ 实训中严禁疯逗、嬉闹、大声喧哗。

⑭ 实训结束时，应按规定对车床进行保养，并认真做好车床使用记录或交接班记录。

⑮ 遵守实训场地的安全规定，保持实习环境的卫生。

1.3.2 认识数控系统控制面板按钮与功能

由于各数控生产厂家设置的不同，数控车床的系统、操作面板也不相同。本书以 FANUC 0i 数控系统为例，详细介绍其操作的基本原理。

(1) 数控系统面板

FANUC 0i 车床数控系统的操作面板如图 1-17 所示，它由 CRT/MDI 操作面板和用户操作面板组成。

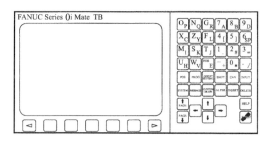

图 1-17　FANUC 0i 车床数控系统操作面板

① MDI 键盘说明。MDI 键盘如图 1-18 所示。

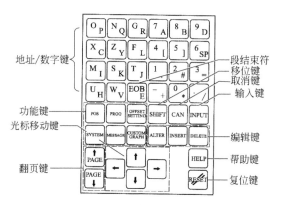

图 1-18　MDI 操作面板布局示意图

② MDI 键盘各功能说明，见表 1-10。

表 1-10　MDI 键盘功能说明

名称	图标	功能说明	名称	图标	功能说明
地址/数字键	O P	按下这个键可以输入字母、数字或是其他字符	复位键	RESET	按下这个键可以使数控系统复位或者取消报警
功能键	POS	显示刀具的坐标位置	帮助键	HELP	当对 MDI 键的操作不明白时,按下这个键可以获得帮助
	PROG	在编辑方式下编辑、显示存储器里的程序,在 MDI 方式下输入及显示 MDI 数据,在自动方式下显示程序指令值	输入键	INPUT	当按下一个字母键或数字键时,再按该功能键,数据被输入到缓冲区,并显示在屏幕上
	OFFSET SETTING	设定和显示刀具补偿值、工件坐标系、宏程序变量	移位键	SHIFT	在功能键的某些键具有两个功能。按下"SHIFT"键可以在这两个功能之间进行切换
	SYSTEM	用于参数的设定、显示及自诊断功能数据的显示	取消键	CAN	取消键,用于删除最后一个进入输入缓存区的字符或符号
	MESSAGE	报警信号显示、报警记录显示	光标移动键	↑	将光标向上或往前(屏幕)移动
	CUSTOM GRAPH	用于模拟刀具轨迹的图形显示		↓	将光标向下或向后(屏幕)移动
编辑键	ALTER	替换键,用于程序字的代替		←	将光标向左或往前(一行)移动
	INSERT	插入键,用于程序字的插入		→	将光标向右或向后(一行)移动
	DELETE	删除键,用于删除程序字、程序段及整个程序	翻页键	PAGE ↑	该键用于将屏幕显示的页面往后翻
				PAGE ↓	该键用于将屏幕显示页面往前翻页

（2）数控车床系统控制面板

数控车床系统控制面板如图 1-19 所示。

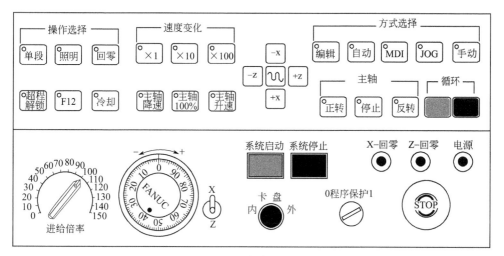

图 1-19 FANUC 0i 车床数控系统控制面板

① 操作面板按键功能说明见表 1-11。

表 1-11 操作面板按键功能说明

名称	图形	功能说明	名称	图形	功能说明
运行方式键	编辑	按下该键进入编辑运行方式	主轴控制键	正转	按下此键,主轴正转
	自动	按下该键进入自动运行方式		停止	按下此键,主轴停转
	MDI	按下该键进入 MDI 运行方式		反转	按下此键,主轴反转
	JOG	按下该键进入 JOG(手动)运行方式	主轴倍率键	主轴降速 主轴100% 主轴升速	在自动和 MDI 方式运行下,当 S 指令的主轴速度偏高或偏低时,可用来修调程序中编制的主轴转速。按一下 主轴100%(指示灯亮),主轴修调倍率被置为了 100%;按一下 主轴升速,主轴修调倍率递增 5%;按一下 主轴降速,主轴修调倍率递减 5%
	手动	按下该键进入手动运行方式			
	单段	按下该键进入单段运行方式			
	回零	按下该键可以进行返回车床参考点操作(即车床回零)			
循环启动与停止键	循环	用来启动和暂停程序,在自动加工运行和 MDI 方式运行时会用到			
急停键	STOP	用于锁住车床。按下急停键时,车床立即停止运动	超程解除键	超程解锁	用来解除超程报警

续表

名称	图形	功能说明	名称	图形	功能说明
进给轴与方向选择键	-X -Z +Z +X	用来选择车床的移动轴和方。其中为快进键。当按下该键后，该键变为红色，表明快进功能开启；再按一下该键，该键恢复成白色，则快进功能关闭	系统启动/停止键	系统启动 系统停止	用来开启和关闭数控系统。在通电开机和断电关机时用
JOG进给倍率刻度盘	50 60 70 80 90 100 40 110 30 120 20 130 10 140 0 150 进给倍率	用来调节JOG（手动）进给倍率。倍率值从0～150%。每格为10%	电源/回零指示	X-回零 Z-回零 电源 ● ● ●	用来表示系统开机和回零的情况。当系统开机后，电源指示灯始终亮着。当进行车床回零操作时，某轴返回零点后，该轴指示灯亮

② 手摇面板功能说明，见表1-12。

表1-12　FANUC 0i 系统手摇面板功能说明

名　　称	图　　形	功能说明
手摇进给倍率键	速度变化 ×1 ×10 ×100	用于选择手摇移动倍率。按下所选的倍率键后，该键左上角的红灯亮。其中：×1 为0.001；×10 为0.010；×100 为0.100
手摇	- + 20 10 90 80 30 FANUC 70 40 50 60	在手摇模式下用来使车床移动；手摇逆时针旋转时，车床向负方向移动（即向车头方向）；手摇顺时针方向旋转时，车床向正方向移动（即向尾座方向）
进给轴选择开关	X Z	在手摇模式下用来选择车床所要移动的轴

1.3.3　数控车床的基本操作

数控车床的手动操作：

① 通电开机。按通数控系统电源的操作步骤如下。

a. 按下数控车床控制面板上的 系统启动 键，车床数控系统接通电源，CRT 显示屏由原先的黑屏变为有文字的显示界面，电源指示灯亮。

b. 顺时针轻轻旋转急停键，使其抬起，则数控系统完全上电复位，可以进行相应的操作。

② 回零。数控系统上电后，首先必须回零（参考点）操作。其操作步骤如下。

a. 在方式选择键 [编辑] [自动] [MDI] [JOG] [手动] 中按下 [JOG] 键，这时 CRT 显示屏左下方显示状态为 "RAPID"。

b. 在操作选择键 [单段] [照明] [回零] 中按下 [回零] 键，此时该键左上角的小红灯亮。

c. 在坐标轴选择键中按下 [+X] 键，X 轴返回参考点，此时 "X-回零" 灯亮。CRT 屏幕显示界面如图 1-20 所示。

现在位置（绝对坐标）			现在位置（绝对坐标）	
O0000	N0000		O0000	N0000
X	0.000		X	0.000
Z	-152.000		Z	0.000
运转时间　0 H 0 M	切削时间　0 H 0 M 0 S		运转时间　0 H 0 M	切削时间　0 H 0 M 0 S
ACT.F 0 MM/M	S 0T0000		ACT.F 0 MM/M	S 0T0000
JOG **** EMG	13：00：30		JOG **** EMG	13：00：30
[绝对] [相对] [综合] [HNDL] [操作]			[绝对] [相对] [综合] [HNDL] [操作]	

图 1-20　X 轴回零后 CRT 界面显示状态　　图 1-21　Z 轴回零后 CRT 界面显示状态

d. 在坐标轴选择键中按下 [+Z] 键，Z 轴返回参考点，此时 "Z-回零" 亮。此时 CRT 屏幕显示界面如图 1-21 所示。

③ JOG 进给。JOG 就是手动连续进给。其操作步骤如下。

a. 在方式选择键 [编辑] [自动] [MDI] [JOG] [手动] 中按下 [JOG] 键，此时数控系统处于 JOG 运行方式。

1-1　通电与回零操作

b. 在坐标轴选择键  中按下 "－X" "＋X"

"−Z""+Z"键，车床会沿着所选定轴的选定方向移动。

c.可在车床运行前或运行中使用 ，根据实际需要调节进给速度。

d.如果在按下进给轴和方向选择键前，按下 键，则车床快速运行。

1-2 JOG与手摇进给操作

④ 手摇进给。手摇方式下，可使用手摇使车床发生移动，其操作步骤如下。

a.在方式选择键  中按下 手动 键，系统进入手摇方式。

b.按下进给轴选择开关，选择车床要移动的轴。（向上为 X 轴选择，向下为 Z 轴选择）。

c.在手摇进给速度变化键 中选择移动倍率。

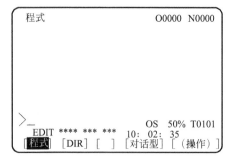

d.根据需要移动的方向，旋转手摇，同时车床移动。

1.3.4 数控程序的编辑

数控程序可直接用数控系统的 MDI 键盘输入。其操作方法如下。

① 先按 编辑 键，进入编辑状态。

② 再按数控系统面板上的 PROG 键，转入编辑页面，如图 1-22 所示。

```
程式                    O0000  N0000



>_
    EDIT **** *** ***   10: 02: 35   OS  50%  T0101
 [程式] [DIR] [   ] [对话型] [（操作）]
```

```
程式                    O1001  N0000
O1001%



>_
    EDIT **** *** ***   10: 05: 10   OS  50%  T0101
[BG—EDT][O检索][检索↓][检索↑][REWIND]
```

图 1-22 数控程序编辑页面　　　　　图 1-23 输入程序名

③ 利用 MDI 键盘输入输入一个数控程序。如输入 O1001，再按 INSERT 键，输入数控程序名，如图 1-23 所示。

④ 再按 EOB E 键，输入"；"，再按 INSERT 键，CTR 显示如图 1-24 所示。

```
程式                        O1001  N0000

O1001;
%




>_                         OS  50% T0101
    EDIT **** *** ***   10: 05: 45
[BG—EDT][O检索][检索↓][检索↑][REWIND]
```

图 1-24　输入"；"后的 CTR 界面

```
程式                        O1001  N0000

O1001;
G99 T0101 M03 S700
%




>_                         OS  50% T0101
    EDIT **** *** ***   10: 07: 40
[BG—EDT][O检索][检索↓][检索↑][REWIND]
```

图 1-25　程序段的输入

⑤ 利用 MDI 键盘，在输入一段程序后，按下 EOB E 键，再按下 INSERT 键，则此段程序被输入，如图 1-25 所示。

⑥ 然后再进行下一段程序的输入。用同样的方法，可将零件加工程序完整地输入到数控系统中去，如图 1-26 所示是一个车端面的程序。

```
程式                        O1001  N0000
O1001;
G99 T0101 M03 S700;
G00 X52. Z0.;
G01 X0. F0.1;
Z2.;
G00 X100. Z100.;
M05;
M30;
%
>_                         OS  50% T0101
    EDIT **** *** ***   10: 10: 46
[BG—EDT][O检索][检索↓][检索↑][REWIND]
```

图 1-26　数控程序的输入

1-3　数控程序的编辑

⑦ 利用方位键 ↑ 或 RESET 键，将程序复位（返回）。

1.3.5　字符的删除、插入和替换

（1）删除输入域内的数据

按 CAN 键用于删除输入域中的数据。如果只需删除一个字符，则要先将光标

1-4 程序复位操作

移至所要删除的字符位置上，按 DELETE 键，删除光标所在的地址代码。

（2）字符的插入

移动光标至所需位置，点击 MDI 键盘上的数字/字母键，将代码输入到输入域中，按 INSERT 键，把输入域的内容插入到光标所在代码后面。如图 1-27 所示，在程序段 "G00X52." 中，没有定位出 Z 轴方向的地址，这时则要插入一个 Z 向地址字符 "Z0." 步骤如下。

① 先移动光标键至所需插入的地址代码前，如图 1-28 所示。

```
程式                    O1001  N0000
O1001;
G99 T0101 M03 S700;
G00  X52. ;
G01 X0. F0.1;
Z2.;
G00 X100. Z100.;
M05;
M30;
%
>_                     OS  50% T0101
   EDIT **** *** ***   09: 17: 18
[BG—EDT][O检索][检索↓][检索↑][REWIND]
```

图 1-27 程序复位后的检查

```
程式                    O1001  N0000
O1001;
G99 T0101 M03 S700;
G00  X52. ;
G01 X0. F0.1;
Z2.;
G00 X100. Z100.;
M05;
M30;
%
>_                     OS  50% T0101
   EDIT **** *** ***   09: 17: 18
[BG—EDT][O检索][检索↓][检索↑][REWIND]
```

图 1-28 移光标键

② 再输入 "Z0."，如图 1-29 所示。

```
程式                    O1001  N0000
O1001;
G99 T0101 M03 S700;
G00  X52. ;
G01 X0. F0.1;
Z2.;
G00 X100. Z100.;
M05;
M30;
%
>Z0._                  OS  50% T0101
   EDIT **** *** ***   09: 18: 55
[BG—EDT][O检索][检索↓][检索↑][REWIND]
```

图 1-29 输入地址值

```
程式                    O1001  N0000
O1001;
G99 T0101 M03 S700;
G00 X50 . Z0 .;
G01 X0. F0.1;
Z2.;
G00 X100. Z100.;
M05;
M30;
%
>_                     OS  50% T0101
   EDIT **** *** ***   09: 19: 08
[BG—EDT][O检索][检索↓][检索↑][REWIND]
```

图 1-30 字符的插入

③ 按 INSERT 键，则字符被插入，如图 1-30 所示。

（3）字符的替换

① 先将光标移至所需替换的字符的位置上，如图 1-31 所示。

② 再通过 MDI 输入所需替换成的字符，如图 1-32 所示。

```
程式                      O1001  N0000
O1001;
G99 T0101 M03 S700;
G00 X52.Z0.;
G01 X0. F0.1;
Z2.;
G00 X100.Z100.;
M05;
M30;
%
>_              OS  50% T0101
  EDIT **** *** ***  09: 21: 23
[BG—EDT][O检索][检索↓][检索↑][REWIND]
```

图 1-31　移光标

```
程式                      O1001  N0000
O1001;
G99 T0101 M03 S700;
G00 X52.Z0 ;
G01 X0. F0.1;
Z2.;
G00 X100.Z100.;
M05;
M30;
%
>M20 _          OS  50% T0101
  EDIT **** *** ***  09: 22: 10
[BG—EDT][O检索][检索↓][检索↑][REWIND]
```

图 1-32　输入所需字符

③ 按 |ALTER| 键，完成替换操作，如图 1-33 所示。

```
程式                      O1001  N0000
O1001;
G99 T0101 M03 S700;
G00 X52.Z0.;
G01 X0. F0.1;
Z2.;
G00 X100.Z100.;
M05;
M20;
%
>_              OS  50% T0101
  EDIT **** *** ***  09: 22: 58
[BG—EDT][O检索][检索↓][检索↑][REWIND]
```

图 1-33　字符的替换

1-5　字符的删除、
插入和替换

1.3.6　自动加工

自动加工操作步骤如下。

① 顺时针轻轻旋转急停键，使其抬起。

② 将车床回零。

③ 导入一个编写好的数控加工程序或自行编写一个数控加工程序。

④ 点击 循环 中的 ■ 按钮，程序开始执行。

1.3.7　对刀与换刀

（1）X 向对刀

X 向对刀的操作步骤如下。

① 在方式选择键 方式选择 [编辑][自动][MDI][JOG][手动] 中按下 |JOG| 键，系统进入 JOG 运行方式。

② 按控制面板上的点击"－X"和"－Z"，使刀具沿

1-6　自动加工

X、Z 轴向移动，接近工件。

③ 按面板上的 正转 按钮，使车床主轴正转。

④ 再按 "$-Z$"，用所选刀具试切工件外圆。

⑤ 然后按 "$+Z$"，X 轴向保持不动，刀具退出外圆表面。

⑥ 测量工件。

⑦ 按偏置/设置键 OFFSET SETTING，显示工具补正/形状界面。按软键 [形状]，CRT 屏幕出现如图 1-34 所示界面。

工具补正/形状			O0001	N0000
番号	X	Z	R	T
G 01	0.000	0.000	0.000	0
G 02	0.000	0.000	0.000	0
G 03	0.000	0.000	0.000	0
G 04	0.000	0.000	0.000	0
G 05	0.000	0.000	0.000	0
G 06	0.000	0.000	0.000	0
G 07	0.000	0.000	0.000	0
G 08	0.000	0.000	0.000	0
现在位置	（相对坐标）			
U	0.000	W	0.000	
>_				
MEN. **** *** *** 13:05:45				
[磨耗] [形状] [ ] [ ] [（操作）]				

图 1-34　刀具形状列表

工具补正/形状			O1001	N0000
番号	X	Z	R	T
G 01	0.000	0.000	0.000	0
G 02	0.000	0.000	0.000	0
G 03	0.000	0.000	0.000	0
G 04	0.000	0.000	0.000	0
G 05	0.000	0.000	0.000	0
G 06	0.000	0.000	0.000	0
G 07	0.000	0.000	0.000	0
G 08	0.000	0.000	0.000	0
现在位置	（相对坐标）			
U	0.000	W	0.000	
>X 48.230				
MEN. **** *** *** 13:05:45				
[NO检索] [测量] [C输入] [+输入] [输入]				

图 1-35　试切直径的输入

⑧ 在输入行输入所测试切值。假定测量出直径（即 X 值）为 $\phi48.230$mm，则在输入行中输入 "X48.230"，如图 1-35 所示。

⑨ 按下软键 "测量"，CRT 界面中的 "G01" X 行发生变化，X 轴方向的对刀完成，如图 1-36 所示。

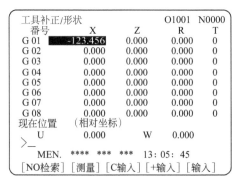

工具补正/形状			O1001	N0000
番号	X	Z	R	T
G 01	-123.456	0.000	0.000	0
G 02	0.000	0.000	0.000	0
G 03	0.000	0.000	0.000	0
G 04	0.000	0.000	0.000	0
G 05	0.000	0.000	0.000	0
G 06	0.000	0.000	0.000	0
G 07	0.000	0.000	0.000	0
G 08	0.000	0.000	0.000	0
现在位置	（相对坐标）			
U	0.000	W	0.000	
>_				
MEN. **** *** *** 13:05:45				
[NO检索] [测量] [C输入] [+输入] [输入]				

图 1-36　X 向对刀完成后 CRT 界面

1-7 X 向对刀操作

（2）Z 向对刀

Z 向对刀的操作步骤如下。

① 按控制面板上的 "$+X$""$-Z$" 使刀具沿 X、Z 轴向移动。

② 按面板上的 ⌜正转⌝ 按钮，使车床主轴正转。

③ 再按 "－X"，用所选刀具试切工件端面，然后按 "＋X"，Z 轴向保持不动，刀具退出外圆表面。

④ 测量。

⑤ 点击 ➡ 键，将光标移至 Z 轴位置上，如图 1-37 所示。

工具补正/形状			O1001	N0000
番号	X	Z	R	T
G 01	-123.456	0.000	0.000	0
G 02	0.000	0.000	0.000	0
G 03	0.000	0.000	0.000	0
G 04	0.000	0.000	0.000	0
G 05	0.000	0.000	0.000	0
G 06	0.000	0.000	0.000	0
G 07	0.000	0.000	0.000	0
G 08	0.000	0.000	0.000	0
现在位置	（相对坐标）			
> _ U	0.000	W	0.000	
MEN.	**** *** ***	13: 10: 22		
[NO检索] [测量] [C输入] [+输入] [输入]				

图 1-37 选择输入轴

工具补正/形状			O1001	N0000
番号	X	Z	R	T
G 01	-123.456	0.000	0.000	0
G 02	0.000	0.000	0.000	0
G 03	0.000	0.000	0.000	0
G 04	0.000	0.000	0.000	0
G 05	0.000	0.000	0.000	0
G 06	0.000	0.000	0.000	0
G 07	0.000	0.000	0.000	0
G 08	0.000	0.000	0.000	0
现在位置	（相对坐标）			
U	0.000	W	0.000	
> Z0.				
MEN.	**** *** ***	13: 10: 55		
[NO检索] [测量] [C输入] [+输入] [输入]				

图 1-38 试切长度的输入

⑥ 在输入行输入 "Z0."，如图 1-38 所示。

⑦ 按下软键 [测量]，CRT 界面中的 "G01" Z 行发生变化，Z 向对刀完成，如图 1-39 所示。

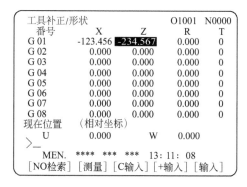

工具补正/形状			O1001	N0000
番号	X	Z	R	T
G 01	-123.456	-234.567	0.000	0
G 02	0.000	0.000	0.000	0
G 03	0.000	0.000	0.000	0
G 04	0.000	0.000	0.000	0
G 05	0.000	0.000	0.000	0
G 06	0.000	0.000	0.000	0
G 07	0.000	0.000	0.000	0
G 08	0.000	0.000	0.000	0
现在位置	（相对坐标）			
> _ U	0.000	W	0.000	
MEN.	**** *** ***	13: 11: 08		
[NO检索] [测量] [C输入] [+输入] [输入]				

图 1-39 Z 向对刀完成后 CRT 界面

1-8 Z 向对刀操作

(3) 换刀

换刀的操作步骤如下。

① 在方式选择键 ⌜方式选择 ⌝ 编辑 自动 MDI JOG 手动 中按下 ⌜MDI⌝ 键，此时数控系统处于 MDI 运行方式。

② 按 PROG 键，在界面中输入"T0202"，按 EOB E ，按 INSERT 键，则显示如图1-40所示界面。

1-9 换刀操作

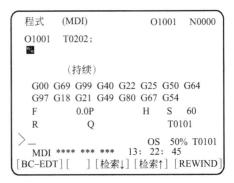

图1-40 MDI换刀指令的输入

③ 按 循环 中的 （循环启动）按钮，刀具换为第2号刀。

④ 按照上述方法步骤可进行第3、4把刀的换刀。

1.3.8 数控车床的润滑保养

如图1-41所示，按数控车床说明书给数控车床各润滑点加油。

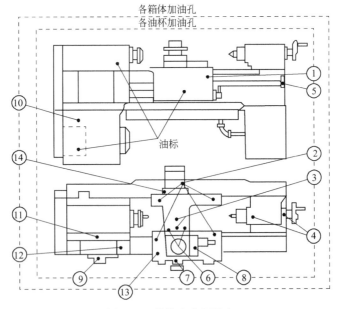

图1-41 数控车床润滑点

各润滑点情况说明见表1-13。

表 1-13 数控车床润滑点说明

序号	润滑部位	孔数	油类	加油期	换油期
1	丝杠螺母	1	机油	每班一次	
2	溜板与床身滑动面	4	机油	每班一次	
3	横进刀螺母	2	机油	每班一次	
4	尾座	2	机油	每班一次	
5	丝杠支承轴承	1	钙基脂	适量注入	6 个月
6	横溜板	2	机油	适量注入	
7	横进刀轴承	1	机油	每班一次	
8	刀架支承轴承	1	钙基脂	适量注入	6 个月
9	变速机构	1	机油	每班一次	
10	变速箱	1	20 号机油	按油标	6 个月
11	主轴箱	1	20 号机油	按油标	6 个月
12	溜板箱	1	20 号机油	按油标	6 个月
13	X 向进给箱	1	钙基脂	适量注入	6 个月
14	Z 向进给箱	1	钙基脂	适量注入	6 个月

根据数控车床各种部件的特点，确定各自的润滑保养要求，见表 1-14。

表 1-14 数控车床润滑保养的内容与要求

周期	维护保养部位	润滑保养项目及方法
每日	车床外表	清理铁屑与油污
	主轴头	清理主轴头、锥孔、夹紧卡盘
	X、Z 轴向导轨面	清除切削及脏物，检查润滑油是否充分，导轨面有无划痕损坏
	滚动丝杠	清理导轨和滚动丝杠，滑板移动无异常噪声
	操作面板	面板清洁，指示灯指示正常，各按键、按钮转动开关灵敏、可靠
	CRT 显示屏	检查是否有报告提示，若有应及时处理
	液压系统	检查是否油压表指示压力正常，油泵运转声音正常，油管、管接头无泄漏、无异常噪声，工作油面高度正常
	液压平衡系统	检查是否平衡压力指示正常，快速移动时平衡阀工作正常
	电气控制柜	关好柜门，确保电柜冷却风扇工作正常，风道过滤网无堵塞
	刀架	刀具无损伤，正确装夹在刀夹上。刀架选刀转位应正确、可靠，落刀压实
	数控柜	检查数控柜上各排风扇工作是否正常，风道过滤器是否被灰尘堵塞
	导轨润滑油箱	检查油标、油量，及时添加润滑油，保证润滑泵能正常工作
	压缩空气气源压力	气动控制系统压力应在正常范围内

续表

周期	维护保养部位	润滑保养项目及方法
每日	自动空气干燥器、气源自动分水滤气器	及时清理分水滤气器中滤出水分,保证自动空气干燥正常工作
	气液转换器和增压器油面	如油面高度不够,应及时补充油液
	主轴润滑恒温油箱	确保工作正常,油量充足
每周	各种防护装置	各种防护装置应无松动、无漏水
每月	主轴机构	主轴径向、轴向间隙适当,若松动应拆开主轴箱加以调整。各挡变速应平稳、可靠,如不正常应检查油压指示或箱体拨叉、齿轮状况
	X、Z轴导轨及滚动丝杠	清理铁屑和油污,检查滑道有无磨损,疏通润滑油路,清洗防尘油毡
	电气开关	清理脚踏开关,X、Z行程开关及刀库定位开关。检查、调节行程撞块位置
	冷却系统	疏通冷却管路,清洗冷却箱
半年	主轴系统	检查锥孔跳动;检查、调整主轴传动用 V 带、编码器用同步 V 带的张力
	润滑油位指示开关	检查润滑装置的浮子开关动作情况,浮子落在下限位时,操作面板上应有报警显示
	X、Z轴直流伺服电动机	检查换向器表面,吹掉粉尘,去掉毛刺,更换磨损过短的电刷,跑合后使用,清洗编码器及 X 轴夹紧
	电气控制柜	检查各插头、插座、电缆、继电器触点接触状况,检查清理印刷线路板、电源电压、伺服变压器
	液压系统	检查、清理过滤器、油泵、溢流阀、电磁换向阀。检查油质,清理油箱,更换新油
	主轴润滑恒温油箱	清洗过滤器,更换润滑油
	滚珠丝杠	清洗滚珠丝杠上的旧油脂,更换新油脂
	液压油路	清洗液压阀、过滤器、邮箱等,更换或过滤液压油
	机床精度	按机床说明书的要求调整机床的几何精度
每年	直流伺服电机碳刷	检查换向器表面,吹净碳粉,去除毛刺,更换磨损的电刷,跑合后使用
	润滑油泵、滤油器	清理润滑油箱,清洗油泵,更换润滑油
不定期	各轴导轨上镶条、压紧滚轮松紧状态	按机床说明书调整
	冷却水箱	检查液面高度,切削液过脏时清洗水箱底部,清洗过滤器
	排屑器	清理切屑,检查有无卡住情况
	废油池	清理废油池中的废油,以防外溢
	主轴驱动带松紧	按机床说明书调整

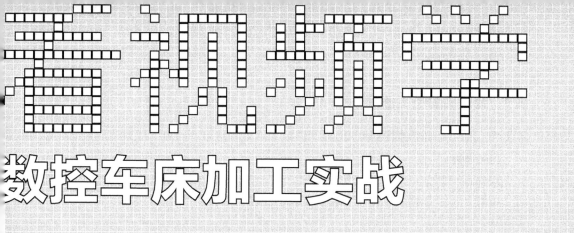

数控车床加工实战

chapter2

第 2 章

轴类工件的加工编程

2.1 台阶轴的加工编程

2.1.1 加工相关编程指令

（1）G00

快速定位指令，用于快速定位功能。使刀具以点定位控制方式从刀具所在点快速运动到下一个目标位置。它只是快速定位，而无运动轨迹要求，且应为无切削加工过程。

指令在运行时先按快速进给将两轴（X、Z）同量同步作斜线运行，先完成较短的一轴，再走完较长的另一轴（即刀具的实际运动路线不是绝对的直线，而是折线，使用时要注意刀具是否与工件发生干涉），如图2-1所示。

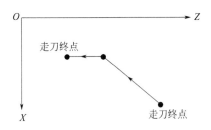

图 2-1 G00 走刀路线

G00 指令书写格式为：G00 X_Z_；

X、Z是刀具快速定位的终点坐标，X采用直径编程。G00指令中，刀具在运动过程中，若未沿某个坐标轴运动，则该坐标值可以省略不写；G00指令后面不能填写F进给功能字。

G00 移动的速度不能用程序指令设定，而是由生产制造厂家预先设置好的，快速移动速度可通过操作控制面板上的进给修调旋钮修正。G00的执行过程中，刀具由程序起点加速到最大速度，然后快速移动，最后减速到达终点，实现快速点定位。

G00 是模态指令，可由G01、G02、G03或G33指令注销。它用于切削开始时的快速进刀或切削结束时的快速退刀。

（2）G01

G01指令是直线运动命令，规定刀具在两坐标间以插补联动方式按指定的F进给速度作任意的直线运动。G01走刀路线如图2-2所示。

G01 指令书写格式为：G01 X（U）_Z（W）_F_

X、Z是被插补直线的终点坐标，采用直径量来编程。U、W为增量编程时相对于起点的位移量。F指定刀具的进给速度。如果在G01程序段之前的程序段中没有F指令，且目前的G01程序中也没有F指令，则机床不运行。因此，G01指令中必须含有F指令。两个相连的G01指令，后一个G01指令的F进给功能字可以省略，其进给速度与前一个相同，没有相对运动的坐标值可以省略不写。

G01指令为模态代码，可由G00、G02、G03或G32注销。用于加工圆柱形外圆、内孔、锥面等。

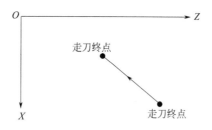

图 2-2　G01 走刀路线

2.1.2　编程指令的应用

（1）端面的车削

对单件加工，端面一般可在对刀时手动车出。批量加工时，粗车时可选择 90°外圆车刀，按图 2-3（a）所示的方式进行加工；精车时可按图 4-3（b）所示的方式进行加工。

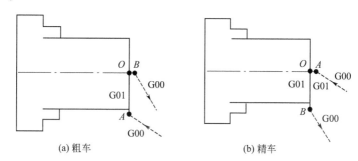

图 2-3　端面车削令的应用

（2）外圆车削

如果外圆加工余量较小，可一次性加工完成，则采用如图 2-4（a）所示的方式；如果加工余量较大，则采用如图 2-4（b）所示的加工方式进行车削。

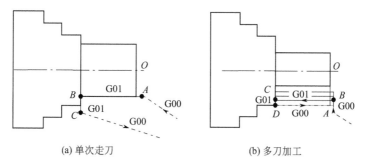

图 2-4　外圆车削的应用

（3）台阶车削

台阶粗车时可按外圆加工路线逐个进行车削，车削时可按就近原则自右向左进行，如图 2-5（a）所示；精加工时应从起点开始沿工件轮廓连续走刀至终点，如图

2-5 （b） 所示。

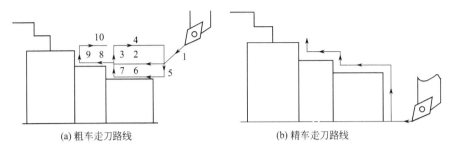

(a) 粗车走刀路线   (b) 精车走刀路线

图 2-5　台阶车削走刀路线

（4） G01 指令倒角、倒圆

在工件轮廓的转角处，通常要进行倒角或倒圆处理。对这些倒角或倒圆轮廓的加工，很多车床数控系统可直接采用倒角或倒圆指令进行编程，以达到简化编程的目的。

① 倒角。指令格式为：

$$G01 \ X \ (U)\_C\_F\_;$$
$$G01 \ Z \ (W)\_C\_F\_;$$

X （U）_为倒角前轮廓尖角处（图 2-6 中的 A 点和 C 点）在 X 向的绝对坐标或增量坐标；Z （W）_为倒角前轮廓尖角处在 Z 向的绝对坐标或增量坐标；C_为倒角的直角边边长。

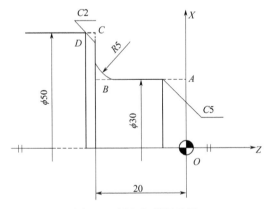

图 2-6　倒角与倒圆示例

② 倒圆。指令格式为：

$$G01 \ X \ (U)\_R\_F\_;$$
$$G01 \ Z \ (W)\_R\_F\_;$$

X （U）_为倒角前轮廓尖角处（图 2-6 中的 B 点）在 X 向的绝对坐标或增量坐标；Z （W）_为倒角前轮廓尖角处（图中的 B 点）在 Z 向的绝对坐标或增量坐标；R_为倒圆半径。在倒角与倒圆指令中，R 值和 C 值是有正负之分的。当倒角与倒圆的方向指向另一坐标的正方向时，R 与 C 值为正值，反之为负值。

（5）G01 切槽与切断

采用 G01 指令进行切槽时，对于窄槽，可用刀头宽等于槽宽的切槽刀一次进给切出，对于宽槽，则需采用多次进给，并在两侧留出一定的精加工余量，然后根据槽底、槽宽尺寸进行精加工，如图 2-7 所示。

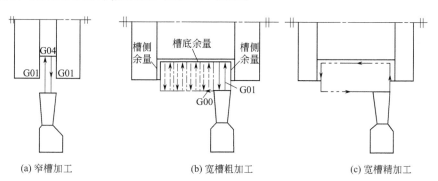

(a) 窄槽加工　　(b) 宽槽粗加工　　(c) 宽槽精加工

图 2-7　切槽加工

为保证槽底光滑平整，编程时，还需采用暂停指令 G04 使刀具在切至槽底时停留一定时间。

G04 指令格式为：

G04X— ；

或 G04U— ；

或 G04P— ；

指令中，X、U 为暂停时间，可用带小数点的数，单位 s；P 也为暂停时间，但不允许用带小数点的数，单位 ms。

采用 G01 指令切断时，不可直接切断，而应先切部分槽，再倒角并切断，如图 2-8 所示。

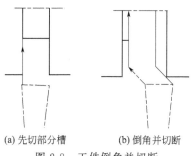

(a) 先切部分槽　　(b) 倒角并切断

图 2-8　工件倒角并切断

2.1.3　加工编程实战

（1）端面、外圆、台阶的加工编程

端面、外圆、台阶的加工图样及工件外形如图 2-9 所示。

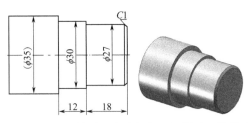

图 2-9　端面、外圆、台阶的加工图样及工件外形

工件毛坯为 φ35mm×60mm。加工较为简单，且加工余量不大，可选择 93°机夹外圆车刀，并安装在 1 号刀位上，一次性进给车削完成。工件坐标原点选为右端面与轴线交点，采用固定点换刀方式。工件加工程序见表 2-1。

表 2-1　端面、外圆、台阶的加工程序

程　　序	说　　明
O0001；	主程序名
G99T0101M03S700；	G 指令建立坐标系，主轴转速 700r/min
G00X37.Z0.；	快速定位
G01X0.F0.1；	车端面
Z2.；	离开端面
G00X30.；	至起刀点
G01Z-30.F0.15；	车 φ30mm 外圆
X37.；	退刀
G00Z2.；	快速退刀至起刀点
X25.；	进刀至倒角延长线上
G01X27.Z-1.F0.1；	倒角 C1
Z-18.F0.15；	车 φ27mm 外圆
X37.；	退刀
G00X100.Z100.；	返回换刀点
M05；	主轴停
M30；	主程序结束并返回

2-1　端面、外圆、台阶的加工

（2）双向台阶的加工编程

双向台阶的加工图样及工件外形如图 2-10 所示。

工件毛坯为 φ52mm×92mm，加工余量不大，选择 93°机夹外圆车刀，并安装

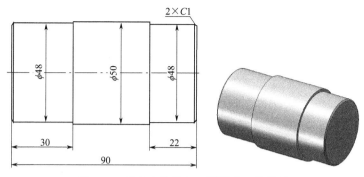

图 2-10　双向台阶的加工图样及工件外形

在 1 号刀位上，一次进给车削完成。

　　因需调头车削，工件坐标原点有两个，选为左、右端面与轴线的交点，采用固定点换刀方式。工件先加工 $\phi48\text{mm}\times22\text{mm}$ 一端，再调头加工 $\phi48\text{mm}\times30\text{mm}$ 一端。工件加工程序见表 2-2。

表 2-2　双向台阶的加工程序

程　　序	说　　明
O0002；	主程序名
G99T0101M03S700；	G 指令建立坐标系，主轴转速 700r/min
G00X52. Z0.；	快速定位
G01X0. F0.1；	车 $\phi48\text{mm}\times22\text{mm}$ 端面
Z2.；	离开端面
G00X50.；	至起刀点
G01Z−65. F0.15；	车 $\phi50\text{mm}$ 外圆
X52.；	退刀
G00Z2.；	快速退刀至起刀点
X46.；	进刀至倒角延长线上
G01X48. Z−1. F0.1；	倒角 C1
Z−22. F0.15；	车 $\phi48\text{mm}$ 外圆
X52.；	退刀
G00X100. Z100.；	返回换刀点
M05；	主轴停
M00；	程序暂停（工件调头）
M03S700；	

续表

程　序	说　明	
G00X52.Z0.；	快速定位	
G01X0.F0.1；	车 $\phi48mm×30mm$ 端面	
Z2.；	退刀离开端面	
G00X46.；	至倒角延长线上	
G01X48.Z−1.F0.1；	倒角 C1	
Z−22.F0.15；	车 $\phi48mm$ 外圆	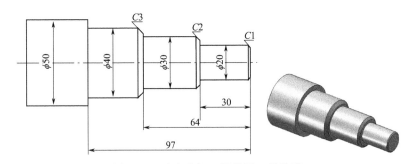
X52.；	退刀	
G00X100.Z100.；	返回换刀点	2-2 双向台阶的 加工
M05；	主轴停	
M30；	主程序结束并返回	

（3）多台阶的加工编程

多台阶的加工图样及工件外形如图 2-11 所示。

图 2-11　多台阶加工图样及工件外形

工件毛坯为 $\phi50mm×130mm$，选择93°机夹外圆车刀，并安装在 1 号刀位上，因工件加工余量大，应安排粗、精加工，精加工留 2mm 余量。工件坐标原点选为右端面与轴线的交点，采用固定点换刀方式。工件加工程序见表 2-3。

表 2-3　多台阶的加工程序

程　序	说　明
O0003；	主程序名
G99T0101M03S500；	G 指令建立坐标系，主轴转速 500r/min
G00X52.Z0.；	快速定位
G01X0.F0.1；	车端面
Z2.；	离开端面

程 序	说 明
G00X46.;	粗车 ϕ40mm 外圆（留 2mm 精车余量）
G01Z－97.F0.2;	
X52.;	
G00Z2.;	
X42.;	
G01Z－97.;	
X52.;	
G00Z2.;	粗车 ϕ30mm 外圆（留 2mm 精车余量）
X37.;	
G01Z－64.;	
X45.;	
G00Z2.;	
X32.;	
G01Z－64.;	
X45.;	
G00Z2.;	
X27.;	粗车 ϕ20mm 外圆（留 2mm 精车余量）
G01Z－30.;	
X35.;	
G00Z2.;	
X22.;	
G01Z－30.;	
X35.;	
G00Z2.;	
X14.;	至 C1 倒角延长线处
S800;	主轴转速 800r/min
G01X20.Z－1.F0.1;	倒 C1 角
Z－30.;	精车 ϕ20mm 外圆
X26.;	至 C2 倒角延长线处
X30.Z－32.;	倒 C2 角
Z－64.;	精车 ϕ30mm 外圆
X34.;	至 C3 倒角延长线处

续表

程　序	说　明	
X40. Z−67. ;	倒 C3 角	
Z−97. ;	精车 ϕ40mm 外圆	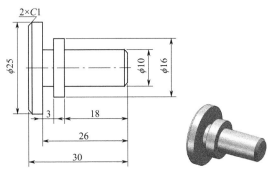
X52. ;	退刀	
G00X100. Z100. ;	返回换刀点	
M05 ;	主轴停	
M30 ;	主程序结束并返回	2-3　多台阶的加工

（4）轴销的加工编程

轴销的加工图样及工件外形如图 2-12 所示。

图 2-12　轴销加工图样及工件外形

　　工件毛坯为 ϕ28 的棒料，因需切槽并切断，根据图样加工要求，选用 93°机夹外圆车刀和 3mm 切槽刀，并安装在 1、2 号刀位上。工件坐标原点选为右端面与轴线交点，采用固定点换刀方式。工件加工程序见表 2-4。

表 2-4　轴销的加工程序

程　序	说　明
O0004 ;	主程序名
G99T0101M03S600 ;	G 指令建立坐标系，主轴转速 600r/min
G00X30. Z0. ;	快速定位
G01X0. F0.1 ;	车端面
Z2. ;	退刀
G00X26. ;	X 向进刀
G01Z−35. F0.2 ;	粗车 ϕ25mm 外圆（留 1mm 精加工余量）
X30. ;	退刀
G00Z2. ;	

程 序	说 明
X21.;	X 向进刀
G01Z－26.;	第一次粗车 ϕ16mm 外圆
X30.;	
G00Z2.;	
X17.;	进刀
G01Z－26.;	第二次粗车 ϕ16mm 外圆（留 1mm 精加工余量）
X30.;	
G00Z2.;	
X14.;	
G01Z－18.;	第一次粗车 ϕ10mm 外圆
X20.;	
G00Z2.;	
X11.;	第二次粗车 ϕ10mm 外圆（留 1mm 精加工余量）
G01Z－18.;	
X20.;	
G00Z2.;	
X4.;	至 C1 倒角延长线处
S1000;	主轴以 1000r/min 转
G01X10.Z－1.F0.05;	倒 C1 角
Z－18..F0.12;	精车 ϕ10mm 外圆
X16.;	
Z－26.;	精车 ϕ16mm 外圆
X25.;	
Z－35.;	精车 ϕ25mm 外圆
X30.;	
G00X100.Z100.;	返回换刀点
T0202S400;	换 2 号刀
G00X30.Z－26.;	快速定位
G01X10.F0.05;	切槽
G00X30.;	X 向退刀
Z－33.;	至切断处
G01X10.;	切槽（不切断）
G00X30.;	退刀

续表

程　　序	说　　明	
Z－29.5；	退刀至倒角延长线处	
G01X23.Z－30.；	倒角 C1	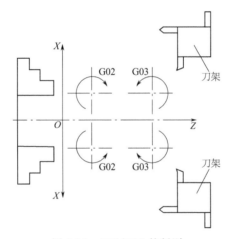
X0.；	切断	
G00X30.；	退刀	
G00X100.Z100.；	返回换刀点	
M05；	主轴停	
M30；	主程序结束并返回	

2-4 轴销的加工

2.2　外圆弧面的加工编程

2.2.1　加工相关编程指令

圆弧插补指令 G02/G03 使刀具相对于工件按指令的速度从当前点（起始点）向终点进行圆弧插补。G02 为顺时针圆弧插补，G03 为逆时针圆弧插补。在判断圆弧的顺逆方向时，一定要注意刀架的位置，如图 2-13 所示。

图 2-13　G02/G03 的判别

G02/G03 指令编程格式为：

$$G02/G03 \ X \ (U)\_ \ Z \ (W)\_ \ R\_ \ F\_；$$
$$或 \ G02/G03 \ X \ (U)\_ \ Z \ (W)\_ \ I\_ \ K\_ \ F\_；$$

X、Z 为圆弧的终点坐标，其值可以是绝对坐标，也可以是增量坐标。在增量方式下，其值为圆弧终点坐标相对于圆弧起点的增量值。R 为圆弧半径，I、K 为圆弧的圆心相对其起点并分别在 X 和 Z 坐标轴上的增量值。

2.2.2 圆弧面加工时车刀的选用

圆弧面加工时的车刀有成形车刀、尖形车刀和棱形车刀 3 种，各种车刀加工表面及特点见表 2-5。

表 2-5 圆弧面加工情况及特点

名 称	图 示	特点说明
成形车刀		加工尺寸较小的圆弧形凹槽、半圆槽及尺寸较小的凸圆弧表面
尖形车刀		可加工凹圆弧及凸圆弧表面，易产生主刀刃与副刀刃干涉现象。相对而言具副偏角较大，不易产生副刀刃干涉。用于不带台阶的成形表面加工
棱形车刀		可加工凹圆弧及凸圆弧表面，因刀具主偏角为 90°，用于加工带有台阶的圆弧面，且加工中只会产生副刀刃干涉，需要刀具具有足够大副偏角

2.2.3 圆弧面车削路径

圆弧面精车是沿着轮廓进行的；而在粗车时，由于各部分余量不等，就需要采取相应的车削路径。凸圆弧常采用车锥法和车球法；凹圆弧常采用车等径圆弧、车同心圆弧、车梯形形式、车三角形形式等方法，见表 2-6。

表 2-6　圆弧粗车时的进刀方式与应用场合

圆弧类型	进刀方式	图　示	说　明
凸圆弧	车锥法		编程坐标计算简单,适用于圆心角小于 90°的圆弧面
	车球法		用一组同心圆或等径圆车凸圆弧余量,计算简单,但车刀空行程长,适用于圆心角大于 90°的圆弧面
凹圆弧	车等径圆弧		编程坐标计算简单,但切削路径长
	车同心圆弧		编程坐标计算简单,切削路径短,余量均匀
	车梯形形式		切削力分布合理,但编程坐标计算较复杂
	车三角形形式		切削路径较长,编程坐标计算较复杂

2.2.4　加工编程实战

(1) 凸圆弧加工编程

凸圆弧加工图样及工件外形如图 2-14 所示。

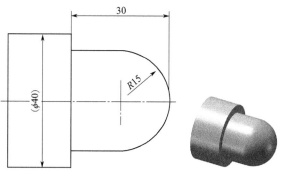

图 2-14 凸圆弧的加工图样及工件外形

工件毛坯为 $\phi40$mm×50mm，根据图样加工要求，选用 93°机夹外圆尖车刀，并安装在 1 号刀位上。工件坐标原点选为右端面与轴线交点，采用固定点换刀方式。工件加工程序见表 2-7。

表 2-7 凸圆弧的加工程序

程　　　序	说　　　明
O0005；	主程序名
G99T0101M03S700；	用 G 指令建立工件坐标系，主轴以 700r/min 正转
G00X42.Z0.；	车端面
G01X0.F0.1；	
G00X23.32；	
G03X38.Z−15.R15.F0.15；	第一次走刀车 R15 凸圆弧
G01Z−30.；	第一次走刀粗车外圆
X42.；	
G00Z0.；	
X19.9.；	
G03X36.Z−15.R15.；	第二次走刀车 R15 凸圆弧
G01Z−30.；	第二次走刀粗车外圆
X42.；	
G00Z0.；	
X16.；	
G03X34.Z−15.R15.；	第三次走刀车 R15 凸圆弧
G01Z−30.；	第三次走刀粗车外圆
X42.；	
G00Z0.；	
X11.14.；	

续表

程　　序	说　　明	
G03X32.Z-15.R15.;	第四次走刀车 R15 凸圆弧	
G01Z-30.;	第四次走刀粗车外圆	
X42.;		
G00Z0.;		
X0.;		
G03X30.Z-15.R15.;	第五次走刀车 R15 凸圆弧	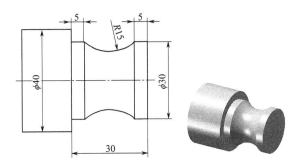
G01Z-30.;	精车外圆	
X42.;		
G00 X100.Z100.;	至换刀点位置	
M05;	主轴停	
M30;	主程序结束并返回	2-5　凸圆弧的加工

（2）凹圆弧加工编程

凹圆弧图样及工件外形如图 2-15 所示。

图 2-15　凹圆弧的加工图样及工件外形

工件毛坯为 $\phi40mm\times50mm$，根据图样加工要求，选用 93°机夹棱形车刀，并安装在 1 号刀位上。工件坐标原点选为右端面与轴线的交点，采用固定点换刀方式。工件加工程序见表 2-8。

表 2-8　凹圆弧加工程序

程　　序	说　　明
O0006;	主程序名
G99T0101M03S500;	用 G 指令建立工件坐标系，主轴以 500r/min 正转
G00X42.Z0.;	快速定位起刀点（准备车端面）
G01X0.F0.15;	车端面
Z2.;	

程　　序	说　　明
G00X38.；	第一次车外圆
G01Z－5.；	
G02X38.Z－25.R15.；	第一次车圆弧
G01Z－30.；	车外圆
X42.；	退刀
G00Z2.；	
X36.；	第二次车外圆
G01Z－5.；	
G02X36.Z－25.R15.；	第二次车圆弧
G01Z－30.；	
X42.；	
G00Z2.；	
X34.；	第三次车外圆
G01Z－5.；	
G02X34.Z－25.R15.；	第三次车圆弧
G01Z－30.；	
X42.；	
G00Z2.；	
X32.；	第四次车外圆
G01Z－5.；	
G02X32.Z－25.R15.；	第四次车圆弧
G01Z－30..；	
X42.；	
G00Z2.；	
X30.；	第五次车外圆
G01Z－5.；	
G02X30.Z－25.R15.；	第五次车圆弧
G01Z－30.；	
X42.；	
G00X100.Z100.；	至换刀点位置
M05；	主轴停
M30；	主程序结束并返回

2-6 凹圆弧的加工

(3) 圆弧综合工件加工编程

圆弧综合工件加工图样及外形如图 2-16 所示。

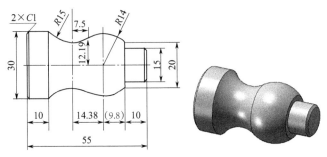

图 2-16　圆弧综合工件加工图样及外形

工件毛坯为 ϕ32mm 棒料，根据图样加工要求，选用 93°机夹棱形车刀和 4mm 切断刀，并安装在 1、2 号刀位上。工件坐标原点选为右端面与轴线的交点，采用固定点换刀方式。工件加工程序见表 2-9。

表 2-9　圆弧综合工件加工程序

程　　序	说　　明
O0007；	主程序名
G99T0101M03S700；	用 G 指令建立工件坐标系，主轴以 700r/min 正转
G00X33.Z0.；	
G01X0.F0.1；	
Z2.；	
G00X28.；	
G01Z−8.48F0.2；	粗车 ϕ30mm 外圆
G03X15.68Z−28.65R14.；	第一次粗车 R14 凸圆弧
G02X32.Z−40.R15.；	第一次粗车 R15 凹圆弧
G01X33.；	
G00Z2.；	
X24.；	
G01Z−9.21；	
G03X27.38Z−27.55R14.；	第二次粗车 R14 凸圆弧
G02X32.Z−43.18R15.；	第二次粗车 R15 凹圆弧
X33.；	
G00Z2.；	
X16.；	粗车 ϕ30mm 外圆
G01Z−10.；	
X33.；	

程　序	说　　明
G00Z2.；	
X9.；	至倒角延长线处
G01X15.Z−1.F0.12；	倒角 C1
Z−10.；	精车 R15mm 外圆
X20.；	
G03X24.38Z−26.68R14.；	精车 R14 凸圆弧
G02X30.Z−45.R15.；	精车 R15 凹圆弧
G01Z−60.；	精车 φ30mm 外圆
X33.；	
G00X100.Z100.；	
T0202S400；	换 2 号刀
G00X33.Z−59.；	快速定位
G01X20.；	先切槽
X33.；	
Z−56.5；	倒角
G01X28.Z−59.；	
X0.；	切断
Z−57.	
G00X100.Z100.；	至换刀点位置
M05；	主轴停
M30；	主程序结束并返回

2-7　圆弧综合工件的加工

2.3　外圆锥面的加工编程

2.3.1　加工相关编程指令

（1）G90

G90 为外圆锥面车削指令。其车削循环时刀具移动路线如图 2-17 所示。刀具从 A 点快速移动至 B 点，再以 F 指令的进给速度到 C 点，然后退至 D 点，再快速返回至 A 点，完成一个切削循环。

指令编程格式为：

$$G90 \text{ X (U)}\_Z \text{ (W)}\_R\_F\_;$$

X、Z 为绝对编程时切削终点在工件坐标系下的位置。U、W 为增量编程时快速定位终点相对于起点的位移量。R 为切削起点与切削终点的半径差。

(2) G94

G94 为圆锥端面车削。其车削刀具移动路线如图 2-18 所示。刀具从程序起点 A 开始以 G00 方式快速到达 B 点，再以 G01 的方式切削进给至终点坐标 C 点，并退至 D 点，然后以 G00 方式返回循环起点 A，准备下个动作。

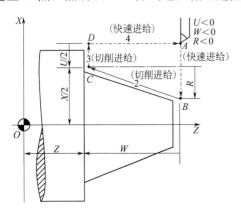

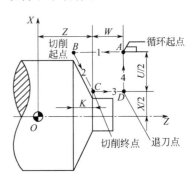

图 2-17　外圆锥面车削循环　　　　　　　　图 2-18　圆锥端面车削循环

指令编程格式为：

$$G94\ X\ (U)\_Z\ (W)\_K\_F\_;$$

X、Z 为绝对编程时切削终点在工件坐标系下的位置。U、W 为增量编程时快速定位终点相对于起点的位移量；K 为切削起点与切削终点的半径差。

实际上，单一固定循环 G90/G94 也用于内外圆柱面和平端面的车削。其进给路线如图 2-19 和图 2-20 所示。

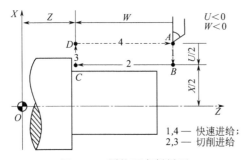

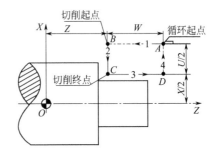

图 2-19　圆柱面车削循环　　　　　　　　　图 2-20　平端面车削循环

圆柱面车削循环时，刀具从程序起点 A 开始以 G00 方式径向移动至 B 点，再以 G01 的方式沿轴向切削进给至 C 点，然后退至 D 点，最后以 G00 方式返回至循环起点 A。准备下个动作。其指令编程格式为：

$$G90\ X\ (U)\_Z\ (W)\_F\_;$$

X、Z 为绝对编程时切削终点在工件坐标系下的位置。U、W 为增量编程时快速定位终点相对于起点的位移量。图 2-19 中是用直径指令的。半径指令时用 U/2 代替 U，X/2 代替 X。

平端面车削循环与锥端面车削循环相似，指令编程格式为：

$$G94\ X\ (U)\_Z\ (W)\_F\_;$$

X、Z 为绝对编程时切削终点在工件坐标系下的位置。U、W 为增量编程时快速定位终点相对于起点的位移量。

G94 与 G90 的最大区别就在于 G94 第一步先走 Z 轴，而 G90 则是先走 X 轴。G94 固定循环的使用，应根据坯件的形状和工件的加工轮廓进行合适的选择，一般情况下的选择如图 2-21 所示。

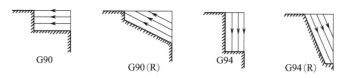

图 2-21　固定循环的选择

如果在使用固循环的程序中指定了 EOB 或零运动指令，则重复执行同一固定循环。当工件直径较大时，因受车床床鞍行程的限制，车刀则只能按图 2-22 所示的方法装夹。这时，车刀虽然装在 2 号刀位，但 CNC 系统默认的当前刀位是 1 号，因此在对刀时要特别注意。

2.3.2　加工编程实战

（1）外圆锥面的加工编程

外圆锥面的加工图样及工件外形如图 2-23 所示。

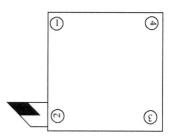

图 2-22　直径较大时
车刀的安装

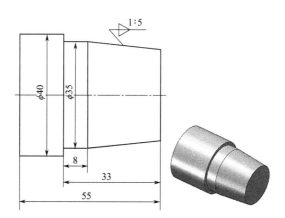

图 2-23　外圆锥面的加工图样及工件外形

工件毛坯为 $\phi45$mm 棒料，根据图样加工要求，选用 93° 机夹外圆车刀，并安装在 1 号刀位上。工件坐标原点选为右端面与轴线的交点，采用固定点换刀方式。工件加工程序见表 2-10。

表 2-10　外圆锥面的加工程序

程　　序	说　　明	
O0008；	主程序名	
G99T0101M03S800；	用 G 指令建立工件坐标系，主轴以 800r/min 正转	
G00X42.Z0.；		
G01X0.F0.1；	车端面	
Z2.；		
G00X35.；		
G01Z−33.；	车大端直径	
X42.；		
G00Z0.；		
G90X35.Z−5.R−0.5；	车锥度	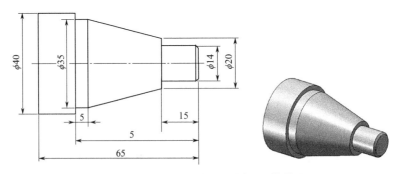
Z−15.R−1.5；		
Z−25.R−2.5；		
G00 X100.Z100.；	至换刀点位置	
M05；	主轴停	2-8　外圆锥面的加工
M30；	主程序结束并返回	

（2）锥面短轴的加工编程

锥面短轴的加工图样及工件外形如图 2-24 所示。

图 2-24　锥面短轴的加工图样及工件外形

工件毛坯为 ϕ45mm 棒料，根据图样加工要求，选用 93° 机夹外圆车刀和刀宽为 4mm 的切断刀，并分别安装在 1、2 号刀位上。工件坐标原点选为右端面与轴线的交点，采用固定点换刀方式。工件加工程序见表 2-11。

表 2-11 锥面短轴的加工程序

程　　序		说　　明
O0009；		主程序名
G99T0101M03S600；		用 G 指令建立工件坐标系，主轴以 600r/min 正转
G00X47.Z0.；		
G01X0.F0.1；		车端面
Z2.；		
G00X47.；		至循环起点
G90X41.Z−70.F0.2；		循环粗车外圆
X36.Z−50.；		
X32.Z−15.；		
X28.；		
X24.；		
X20.；		
X16.；		
G00X8.；		
G01X14.Z−1.F0.1；		倒角 C1
Z−15.；		精车各外圆
X35.；		
Z−50.；		
X40.；		
Z−70.；		
X47.		
G00Z−15.；		
G90X35.Z−25.R−2.5；		车锥面
Z−35.R−5.；		
Z−45.R−7.5；		
G00X100.Z100.；		
T0202S400；		换 2 号刀
G00X47.Z−69.；		快速定位
G01X0.；	G01X1.；	切断（为看清零件加工后的外形轮廓，视频中没有完全切断）
Z67.；	G00X47.；	
G00X100.Z100.；		至换刀点位置
M05；		主轴停
M30；		主程序结束并返回

2-9 锥面短轴的加工

2.4 轴类综合零件的加工编程

2.4.1 加工相关编程指令

(1) 轴向粗车固定循环 G71

G71 指令用于粗车圆柱棒料，以切除较多的加工余量。其粗车循环的运动轨迹如图 2-25 所示。刀具沿 Z 轴多次循环切削，最后按留有精加工余量 ΔW 和 $\Delta U/2$ 之后的精加工形状进行加工。

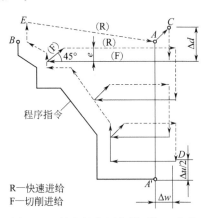

图 2-25　轴向粗车固定循环加工路径

指令书写格式为：

$$G71\ U\ (\Delta d)\ R\ (e)$$

$$G71\ P\ (n_s)\ Q\ (n_f)\ U\ (\Delta u)\ W\ (\Delta w)\ F\ (f)\ S\ (s)\ T\ (t)$$

Δd——粗加工每次车削的深度（半径量）；

e——粗加工每次车削循环的 X 向退刀量；

n_s——精加工程序第一个程序段的顺序号；

n_f——精加工程序最后一个程序段的顺序号；

Δu——X 向精加工余量（直径量）；

Δw——Z 向精加工余量。

在 G71 循环中，顺序号 $n_s \sim n_f$ 之间程序段中的 F、S、T 功能无效，全部忽略，仅在有 G71 指令的程序段中有效。Δd、Δu 都用同一地址 U 指定，二者根据程序段有无指定的 P、Q 区别。循环动作由 P、Q 指定的 G71 指令进行。G71 有四种切削情况，无论是哪一种都是根据刀具重复平行 Z 轴移动进行切削的，U、W 的符号如图 2-26 所示。

(2) 精加工循环加工 G70

指令书写格式为：

$$G70\ P\ (n_s)\ Q\ (n_f)$$

n_s——精车轨迹第一个程序段的段号；

n_f——精车轨迹最后一个程序段的段号。

刀具从起点位置沿着 $n_s \sim n_f$ 程序段给出的轨迹进行精加工。

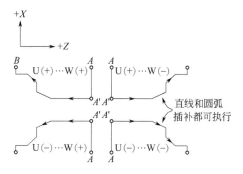

图 2-26　G71 循环中 U 和 W 的符号

(3) 径向粗车固定循环 G72

G72 指令与 G71 指令类似，不同之处在于 G72 刀具的运动轨迹是平行于 X 轴的，如图 2-27 所示。

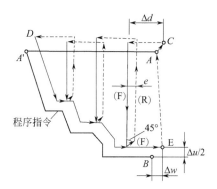

图 2-27　径向粗车固定循环加工路径

指令书写格式为：

$$G72W（\Delta d）\ R（e）$$

$$G72P（n_s）\ Q（n_f）\ U（\Delta u）\ W（\Delta w）\ F（f）\ S（s）\ T（t）$$

Δd——粗加工每次车削的深度（正值）；

e——粗加工每次车削循环的 Z 向退刀量；

n_s——精加工程序第一个程序段的段号；

n_f——精加工程序最后一个程序段的段号；

Δu——X 向精加工余量（直径量）；

Δw——Z 向精加工余量。

用 G72 的切削形状，有下列四种情况，无论哪种，都要根据刀具重复平行于 X 轴的动作进行切削。U、W 的符号如图 2-28 所示。

值得注意的是：在 FANUC 系统的 G72 指令中，顺序号 n_s 所指程序段必须沿

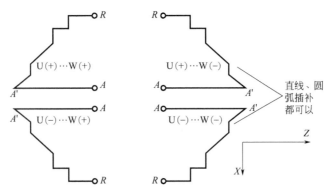

图 2-28　G72 循环中 U 和 W 的符号

Z 轴进刀，且不能出现 X 坐标字，否则会出现报警。

（4）型车复合固定循环 G73

型车复合固定循环适用于毛坯轮廓形状基本接近时的粗车。该循环按同一轨迹重复切削，每次切削刀具向前移动一次，其运动轨迹如图 2-29 所示。

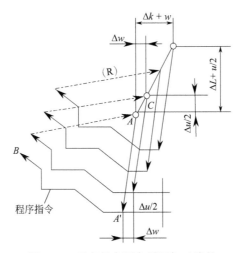

图 2-29　型车复合固定循环加工路径

指令编程格式为：

$$G73\ U\ (\Delta i)\ W\ (\Delta k)\ R\ (\Delta d)$$

$$G73\ P\ (n_s)\ Q\ (n_f)\ U\ (\Delta u)\ W\ (\Delta w)\ F\_S\_T\_$$

Δi——粗切时径向切除的总余量（半径值）；

Δk——粗切时轴向切除的总余量；

Δd——循环次数。

其他参数含义与 G71 相同。

（5）径向切槽循环 G75

G75 用于内、外径断续切削，其走刀路线如图 2-30 所示。切削时，刀具从循环起点（A 点）开始，沿径向进刀 Δi 并到达 C 点，然后退刀 e（断屑）并到达 D 点，再按循环递进切削至径向终点 X 坐标处，继而退到径向起刀点，完成一次切削循环，再沿轴向偏移 Δk 至 F 点，进行第二次切削循环。依次循环直至刀具切削至程序终点坐标处（B 点），径向退刀至起刀点（G 点），再轴向退刀至起刀点（A 点）完成整个切槽循环动作。

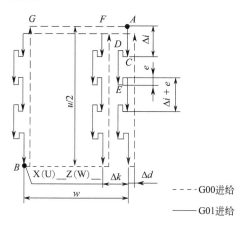

图 2-30　径向切槽循环加工路线

指令书写格式为：

$$G75R\ (e);$$

$$G75X\ (U)\_Z\ (W)\_P\ (\Delta i)\ Q\ (\Delta k)\ R\ (\Delta d)\ F\_;$$

e——退刀量，其值为模态值；

X（U），Z（W）——切槽终点处坐标；

Δi——X 方向的每次切深量，用不带符号的半径量表示；

Δk——刀具完成一次径向切削后，Z 方向的偏移量，用不带符号的值表示；

Δd——刀具在切削底部的 Z 向退刀量，无要求时可省略；

F 为径向切削时的进给速度。

G75 程序段中的 Z（W）值可省略或设定为 0，当 Z（W）值设置为 0 时，循环执行时刀具仅作 X 向进给而不作 Z 向偏移。

注意：对于程序段中的 Δi、Δk 值，在 FANUC 系统中，不能输入小数点，而应直接输入最小编程单位，如 P1500 表示径向每次切深量为 1.5mm。另外，最后一次切深量和最后一次 Z 向偏移量均由系统自行计算。

（6）端面切槽循环 G74

G74 切槽时的刀具进给路线如图 2-31 所示。它与 G75 循环轨迹相类似，不同之处是 G74 刀具从循环起点 A 出发，先轴向切深，再径向平移，依次循环直至完成全部动作。

指令书写格式为：

$$G74R\ (e)$$

$$G74X（U）\_Z（W）\_P（\Delta i）Q（\Delta k）R（\Delta d）F\_；$$

Δi——刀具完成一次轴向切削后，在 X 方向的每次切深量，该值用不带符号的半径量表示；

Δk——Z 方向的切深量，用不带符号的值表示；

其余参数与 G75 相同。

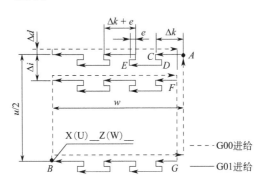

图 2-31　端面切槽循环加工路线

G74 循环指令中的 X（U）值可省略或设定为 0，当 X（U）为 0 时，在 G74 循环执行过程中，刀具仅作 Z 向进给而不作 X 向偏移。这时，该指令可用于端面啄式深孔钻的钻削循环。当 G74 指令用于该循环时，装夹在刀架（尾座无效）上的刀具一定要精确对准工件的旋转中心。

2.4.2　刀尖圆弧半径补偿加工

数控车床是按车刀刀尖对刀的。但在实际加工中，由于刀具会产生磨损，或加工时为加强车刀强度，刀尖不是尖的，而是磨成半径不大的圆弧，所以对刀时刀尖的位置是假想，如图 2-32 中的 A 点。编程时是按假想的刀尖轨迹编程的，而在实际加工时，起作用的是刀尖圆弧，于是就引起了加工表面形状的误差，如图 2-33 所示。

图 2-32　刀尖圆弧与假想刀尖

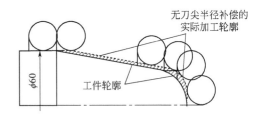

图 2-33　刀尖半径补偿的刀具轨迹

刀具半径补偿一般必须通过准备功能指令 G41/G42 建立。刀具半径补偿建立后，刀具中心在偏离编程工件轮廓一个半径的等距上运动。

（1）刀尖半径左补偿指令 G41

如图 2-34 所示，顺着刀具运动方向看，刀具在工件左侧，称为刀尖半径左补偿，用 G41 指令编程。

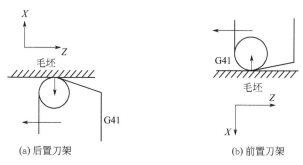

(a) 后置刀架   (b) 前置刀架

图 2-34　刀尖半径左补偿

刀尖半径左补偿指令 G41 书写格式为：

$$G41G00/G01\ X_-Z_-F_-\ ;$$

（2）刀尖半径右补偿指令 G42

如图 2-35 所示，顺着刀具运动方向看，刀具在工件右侧，称为刀尖半径右补偿，用 G42 代码编程。

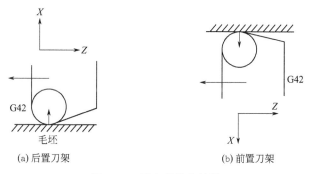

(a) 后置刀架   (b) 前置刀架

图 2-35　刀尖半径右补偿

刀尖半径左补偿指令 G42 书写格式为：

$$G42\ G00/G01\ X_-Z_-F_-\ ;$$

（3）取消刀尖半径左右补偿指令 G40

如需要取消刀尖半径左右补偿，可编入 G40 代码。这时，假想的刀尖轨迹与编程轨迹重合。

取消刀尖半径左右补偿指令 G40 书写格式为：

$$G40\ G00/G01\ X_-Z_-F_-\ ;$$

2.4.3　加工编程实战

（1）轴类综合件一的加工编程

轴类综合件一的加工图样及工件外形如图 2-36 所示。

工件毛坯为 $\phi52mm$ 棒料，根据图样加工要求，选用 93°尖车刀和刀宽为 5mm 的切断刀，并分别安装在 1、2 号刀位上。工件坐标原点选为右端面与轴线的交点，采用固定点换刀方式。工件加工程序见表 2-12。

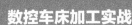

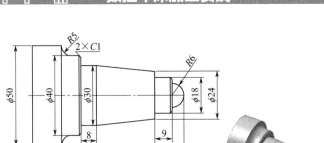

图 2-36　轴类综合件一的加工图样及工件外形

表 2-12　轴类综合件一的加工程序

程　　序	说　　明
O0010；	主程序名
G99T0101M03S700；	用 G 指令建立工件坐标系,主轴以 700r/min 正转
G00X54.Z2.；	刀具快速定位起刀点
G94X－1.Z0.F0.1；	车端面(因刀尖圆弧半径的影响,为保证端面不留凸头,一般应车过端面中心一点)
G71U1.5R1.；	
G71P10Q50U1.W0.1F0.2；	
N10G00X0.	
G01Z－0.；	
G03X12.W－6.R6.F0.12；	
G01X16.；	
X18.W－1.；	
W－9.；	
X24.；	G71 循环粗车各轮廓
X30Z－45.；	
W－8.；	
X38.；	
X40.Z－54.；	
Z－59.；	
G02X50.Z－63.R5.；	
G01W－15.；	
N50X54.；	
G00Z2.；	
G70P10Q50；	G70 精车各外形轮廓
G00X100.Z100.；	

程　　序		说　　明
T0202S400；		换 2 号刀
G00X54.Z－83.		刀具定位
G01X0.；	G01X1.；	切断
Z－80.；	X54.；	
G00 X100.Z100.；		至换刀点位置
M05；		主轴停
M30；		主程序结束并返回

2-10 轴类综合件一
的加工

（2）轴类综合件二的加工编程

轴类综合件二的加工图样及工件外形如图 2-37 所示。

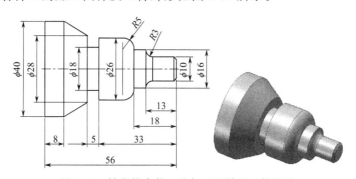

图 2-37　轴类综合件二的加工图样及工件外形

工件毛坯为 $\phi42mm$ 棒料，根据图样加工要求，选用 93°尖车刀和刀宽为 5mm 的切槽刀，并分别安装在 1、2 号刀位上。工件坐标原点选为右端面与轴线交点，采用固定点换刀方式。工件加工程序见表 2-13。

表 2-13　轴类综合件二的加工程序

程　　序	说　　明
O0011；	主程序名
G99M03S700T0101；	用 G 指令建立工件坐标系，主轴以 700r/min 正转
G00 X44.Z2.；	刀具定位
G94 X－1.Z0.F0.1；	车端面
G71U1.5R1.；	
G71P3Q8U1.W0.1F0.2；	G71 循环粗车各轮廓
N3G00X4.；	
G01X10.Z－1.F0.1；	

续表

程　序		说　明
Z－10.；		
G02X16.Z－13.R3.；		
G01Z－18.；		
G03X26.Z－23.R5.；		
G01Z－38.；		G71 循环粗车各轮廓
X28.；		
X40.Z－48.；		
Z－56；		
N8G01X44.；		
G70P3Q8；		
G00X100.Z100.；		
T0202；		换 2 号刀
G00X44.Z－38.；		刀具定位
G01X18.；		
X44.；		
G00Z－61.；		
G01X0.；	G01X1.；	
Z－59.；	X44.；	
G00X100.Z100.		至换刀点位置
M05；		主轴停
M30；		主程序结束并返回

2-11　轴类综合件二的加工

（3）轴类综合件三的加工编程

轴类综合件三的加工图样及工件外形如图 2-38 所示。

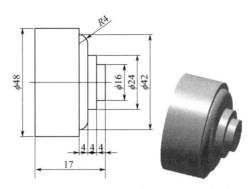

图 2-38　轴类综合件三的加工图样及工件外形

工件毛坯为 $\phi50\text{mm}$ 棒料，根据图样加工要求，选择 85° 机夹外圆车刀，装夹在 1 号刀位上。工件坐标原点选为右端面与轴线的交点，采用固定点换刀方式。工件加工程序见表 2-14。

表 2-14　轴类综合件三的加工程序

程　　序	说　　明
O0012；	主程序名
G99T0101M03S700；	用 G 指令建立工件坐标系,主轴以 700r/min 正转
G00 X52. Z2. ；	刀具定位
G94X−1. Z0. F0.1；	车端面
G72W2. R1. ；	
G72P30Q80U0.05W0.3F0.2；	
N30G00Z−17. ；	
G01X48. ；	
Z−12. F0.1；	
G01X42. ；	G72 循环粗车各轮廓
G02X34. Z−8. R4. F0.1；	
G01X24. ；	
Z−4. ；	
X16. ；	
N80G01Z0. ；	
G70P630Q80；	
G00X100. Z100. ；	
M05；	主轴停
M30；	主程序结束并返回

2-12　轴类综合件三的加工

（4）轴类综合件四的加工编程

轴类综合件四的加工图样及工件外形如图 2-39 所示。

工件以右端面与轴线的交点为坐标原点，采用三爪自定心卡盘直接装夹 $\phi35\text{mm}$ 的毛坯，且保证伸出长度不少于 70mm。根据加工内容，选择外圆尖车刀，并安装在 1 号刀位上，采用固定点换刀方式。工件加工程序见表 2-15。

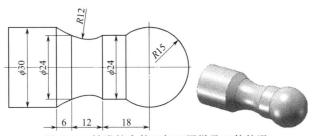

图 2-39　轴类综合件四加工图样及工件外形

表 2-15　轴类综合件四的加工程序

程　　　序	说　　　明
O0013；	主程序名
G99T0101M03S700；	主轴以 600r/min 正转
G00X36. Z0.；	
G01X−1. F0.1；	车端面
Z2.；	
G00X36.；	
G90X32. Z−2. R−4.；	粗车 R15 圆球表面
X32. Z−6. R−8.；	
G73U8. W0.1R4.；	
G73P20Q50U0. 2W0.1F0.2；	
N20G00 X0.；	
G01Z0.；	
G03X24. Z−24. R15. F0.1；	G73 循环粗车
G01 Z−33.；	
G02 X24. Z−45. R12.；	
G01 X30. W−6.；	
Z−61.；	
N50 G01 X36.；	
G70 P20 Q50；	
G00X100. Z100.；	返回换刀点位置
M05；	主轴停
M30；	主程序结束并返回

（5）切槽工件的加工编程

切槽工件的加工图样及外形如图 2-40 所示。

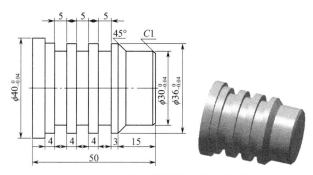

图 2-40　切槽工件的加工图及外形

工件毛坯为 ϕ42mm 棒料，根据图样加工要求，选择 55°外圆车刀，装夹在 1 号刀位上，同时选择刀头宽为 3mm 切槽（断）刀安装在 2 号刀位上。以工件右端面回转中心为编程原点，采用固定点换刀方式。工件加工程序见表 2-16。

表 2-16　切槽工件的加工程序

程　　序	说　　明
O0014；	主程序名
G99M03S700T0101；	
G00X44.Z2.；	至循环起刀点
G94X−1.Z0.F0.1；	车端面
G71U2.R1.；	
G71P15Q25U0.5W0.1F0.15；	
N15G00X24.；	
G01X30.ZW−1.F0.08；	
Z−12.；	
X36W−3.；	G71 循环粗车
Z−45.；	
X40.；	
Z−55.；	
N25G01X42.；	
G70P15Q25；	G70 循环精车轮廓尺寸
G00X100.Z100.；	
T0202S400；	换 2 号刀
G00X44.Z−21.；	

续表

程　序	说　明
G75R0.3；	切第一个槽
G75X30.Z−23.P1500Q2000F0.08；	
G00Z−30.；	定位至第二个槽加工的循环起点
G75R0.3；	切第二个槽
G75X30.Z−32.P1500Q2000F0.08；	
G00Z−39.；	定位至第三个槽加工的循环起点
G75R0.3；	切第三个槽
G75X30.Z−41.P1500Q2000F0.08；	
G00Z−53.；	
G01X0.；	切断
Z−50.；	
G00X100.Z100.；	
M05；	主轴停
M30；	主程序结束并返回

2-14 切槽工件的加工

（6）外形轮廓综合工件的加工编程

外形轮廓综合工件的加工图样及外形如图 2-41 所示。

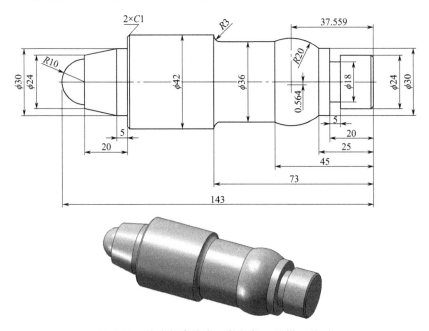

图 2-41　外形轮廓综合工件的加工图样及外形

工件毛坯为 ϕ45mm×145mm，因需调头车削，故坐标原点有两个，选择工件左端面与轴线的交点和工件右端面与轴线的交点。先加工左侧表面，再调头车右侧。根据加工要求，选择93°机夹外圆车刀和5mm切槽刀，并安装在1、2号刀位上，采用固定点换刀方式。工件加工程序见表2-17。

表 2-17　外形轮廓综合工件加工程序

程　　序	说　　明
O0015；	主程序名
G99T0101M03S600；	用G指令建立工件坐标系，主轴以600r/min正转
G00X47.Z2.；	快速定位循环点位置
G94X−1.Z0.F0.1；	车端面
G71U1.5R1.；	
G71P5Q8U0.5W0.1F0.2；	
N5G00X0.；	
G01Z0.；	
G03X20.Z−10.R10.F0.1；	
G01X24.；	G71车左端
X30.Z−25.；	
Z−30.；	
X42.W−1.；	
Z−75.；	
N8G01X47.；	
S1000；	主轴以1000r/min正转
G70P5Q8；	G70精车
G00X100.Z100.；	
M05；	
M00；	程序暂停（工件调头）
M03S600；	
G00	
G00X47.Z2.；	
G94X−1.Z0.F0.1；	
G71U1.5R1.；	
G71P11Q25U0.5W0.1F0.2；	
N11G00X18.；	G71车右端
G01X24.Z−1.F0.1；	
Z−20.；	

续表

程　　序	说　　明
X30.；	G71 车右端
W－5.；	
G03X36.W－20.R20.；	
G01Z－70.；	
N25G02X42.W－3.R3.；	
S1000；	
G70P11Q25；	
G00X100.Z100.；	
T0202S400；	换 2 号刀
G00X35.Z－20.；	
G01X18.F0.1；	切槽
X35.；	
G00X100.Z100.；	至换刀点
M05；	主轴停
M30；	主程序结束并返回

（表格右侧）

2-15　外轮廓综合
工件的加工

（7）特形轴的加工编程

特形轴的加工图样及工件外形如图 2-42 所示。

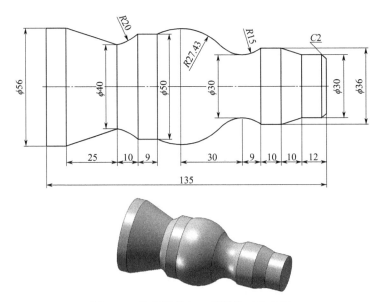

图 2-42　特形轴的加工图样及工件外形

工件毛坯为 ϕ60mm 棒料，根据加工要求，选择 93°机夹外圆尖车刀并安装在 1 号刀位上，采用固定点换刀方式。工件坐标原点选择右端面与轴线的交点。为保证加工安全，应采用一夹一顶的安装方式。工件加工程序见表 2-18。

表 2-18　特形轴的加工程序

程　　序	说　　明	
O2016；	主程序名	
G99T0101M03S600；	用 G 指令建立工件坐标系，主轴以 600r/min 正转	
G00X62. Z2. ；	快速定位循环点位置	
G94X－1. Z0. F0. 15；	车端面	
G71U2. R1. ；	G71 车轮廓表面	
G71P2Q7U0.5W0.1F0.2；		
N2G01X30. Z－2. F0. 1；		
G01W－10. ；		
X36. W－10. ；		
W－10. ；		
G02X39.41W－19.61R15. ；		
G03X50. W－30.67R27.43；		
G01W－9. ；		
G02X40. W－10. R20. ；		
G01X56. W－25. ；		
W－8. 72；		
N7G01X60. ；		
G70P2Q7；	G70 精车	2-16　特形轴的加工
G00 X100. Z100. ；	至换刀点	
M05；	主轴停	
M30；	主程序结束并返回	

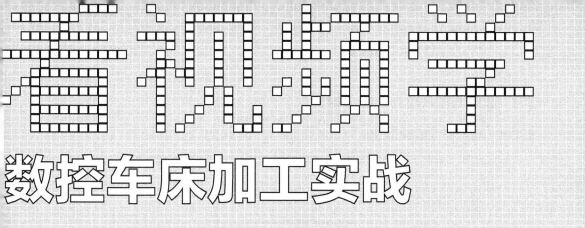

看视频学

数控车床加工实战

chapter 3

第3章

套类工件的加工编程

3.1 直通孔和台阶孔的加工编程

3.1.1 加工相关编程指令

钻孔是加工套类工件的首要任务，深孔钻钻削循环 G74 的走刀路线如图 3-1 所示。

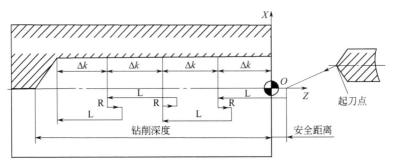

图 3-1 深孔钻钻削循环 G74 的走刀路线

G74 深孔钻钻削循环时编程格式如下：

$$G74R（e）\_；$$
$$G74Z（W）\_Q（\Delta k）\_F\_；$$

e——退刀量；

Z（W）——麻花钻钻削深度；

Q（Δk）——每次钻入长度（不需加注符号）。

在进行钻削循环时，装夹在刀架（尾座无效）上的刀具一定要精确对准工件的旋转中心。当 G74 指令用于端面切槽循环时，其刀具进给路线如图 3-2 所示。它与 G75 循环轨迹相类似，不同之处是 G74 刀具从循环起点 A 出发，先轴向切深，再径向平移，依次循环直至完成全部动作。

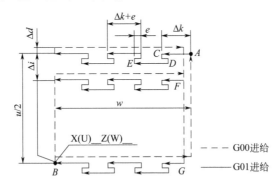

图 3-2 G74 端面切槽循环刀具进给路线

指令书写格式为：

$$G74R（e）；$$
$$G74X（U）\_Z（W）\_P（\Delta i）Q（\Delta k）R（\Delta d）F\_；$$

Δi——刀具完成一次轴向切削后，在 X 方向的每次切深量，该值用不带符号的半径量表示；

Δk——Z 方向的切深量，用不带符号的值表示。

其余参数与 G75 相同。

3.1.2 加工编程实战

(1) 直通孔的加工

直通孔加工图样及工件外形如图 3-3 所示。

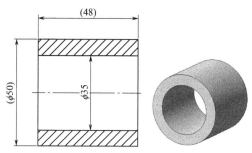

图 3-3 直通孔加工图样及工件外形

工件毛坯为 ϕ50mm×50mm，根据图样加工要求，选用 93°机夹外圆车刀和内孔车刀，并分别安装在 1、2 号刀位上。麻花钻安装在尾座上，不参与编程（手动钻出底孔 ϕ30mm）。工件坐标原点选为右端面与轴线的交点，采用固定点换刀方式。工件加工程序见表 3-1。

表 3-1 直通孔加工程序

程　　序	说　　　　明	
O3001；	主程序名	
G99M03S800 T0101；		
G00X52.Z0.；	快速定位	
G01X28.F0.08；	车端面	
Z2.；		
G00X100.Z100.；		
T0202S500；	换 2 号刀	
G00X28.Z2.；	快速定位至起刀点	
G90X32.Z−50.F0.12；		
X34.Z−50.；		
X35.Z−50.；		
G00X100.Z100.；		
M05；	主轴停	
M30；	主程序结束并返回	

（2）台阶孔的加工

台阶孔加工图样及工件外形如图 3-4 所示。

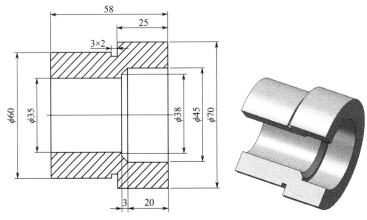

图 3-4　台阶孔加工图样及工件外形

　　工件毛坯为 $\phi72mm \times 60mm$，根据图样加工要求，选用 93°机夹外圆车刀、3mm 切槽刀和内孔车刀，并分别安装在 1、2 和 3 号刀位上。麻花钻安装在尾座上，不参与编程（手动钻出底孔 $\phi30mm$）。工件先加工左侧外圆和外沟槽，再调头加工右侧以及内孔，因此工件坐标原点有两个，分别选为左、右端面与轴线交点，采用固定点换刀方式。工件加工程序见表 3-2。

表 3-2　台阶孔加工程序

程　序	说　明
O3002；	主程序名
G99M03S800；	
T0101G00X74.Z0.；	快速定位
G01X28.F0.08；	车端面
Z2.；	
G00X74.	
G90X68.Z−33.F0.12；	
X64；	
X61.；	G90 车 $\phi60mm$ 外圆
X60.；	
G00X100.Z100.；	
T0202S400；	换 2 号刀
G00X74.Z−33.；	
G01X56.F0.08；	切槽

程　　序	说　　明
X74.；	
G00X100.Z100.；	
M05；	
M00；	主程序暂停
T0101M03S800；	
G00X74.Z0.；	
G01X28.；	
Z2.；	
G00X70.；	
Z−25.F0.12；	车 ϕ60mm 外圆
X74.；	
G00X100.Z100.；	
T0303S500；	换 3 号刀
G00X28.Z2.；	快速定位至起刀点
G90X32.Z−60F0.1.；	
X34.；	
X37.Z−20.；	
X40.；	G90 循环车内表面
X42.；	
X44.；	
G00X45.；	
G01Z−20.；	
X38.W−3.；	
X35.	
Z−60.；	
X28.；	
G00Z2.；	
X100.Z100.；	
M05；	主轴停
M30；	主程序结束并返回

3-2 台阶孔的加工

3.2 内锥面的加工编程

3.2.1 锥台孔的加工编程

锥台孔的加工图样及外形如图3-5所示。

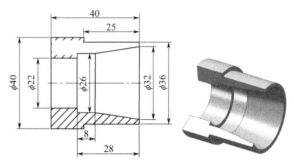

图 3-5 锥台孔的加工图样及外形

工件毛坯为 $\phi 42mm$ 棒料，根据图样加工要求，选用 93°机夹外圆车刀、刀宽 5mm 的切断刀和内孔车刀，并分别安装在 1、2 和 3 号刀位上。麻花钻安装在尾座 上，不参与编程（手动钻出 $\phi 20mm$ 底孔）。工件坐标原点选为右端面与轴线的交 点，采用固定点换刀方式。工件加工程序见表 3-3。

表 3-3 锥台孔的加工程序

程　　　序	说　　　明
O3003；	主程序名
G99M03S800T0101；	
G00X44.Z2.；	快速定位
G94X18.Z0.F0.08；	车端面
G90X40.Z−40.F0.15；	G90 车外圆
X36.Z−25.；	
G00X100.Z100.；	
T0202S500；	换 2 号刀
G00X18.Z2.；	
G90X21.5Z−40.F0.1；	车内孔
X23.Z−28.；	
X25.5；	
X26.Z−5R0.75；	
X26.Z−15.R2.25；	车锥孔
X26.Z−20.R3.；	
G00X32.；	

程 序	说 明
G01Z0.；	
X26.Z—20.；	
W—8.；	
X22.；	
Z—40.；	
X18.；	
G00Z2.；	
X100.Z100.；	
T0303S400；	换3号刀
G00X44.；	
Z—45.；	
G01X22.；	切断
Z—40.；	Z 向退刀
G00X100.Z100.；	
M05；	主轴停
M30；	主程序结束并返回

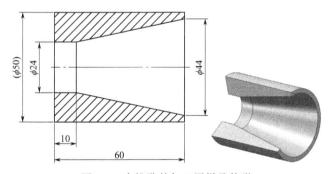

3-3 锥台孔的加工

3.2.2 内锥孔的加工编程

内锥孔的加工图样及外形如图 3-6 所示。

图 3-6 内锥孔的加工图样及外形

工件毛坯为 ϕ50mm×61mm，根据图样加工要求，选用 93°机夹外圆车刀和内孔车刀，并分别安装在 1、2 刀位上。麻花钻安装在尾座上，不参与编程（手动钻出 ϕ20mm 底孔）。工件坐标原点选为右端面与轴线的交点，采用固定点换刀方式。工件加工程序见表 3-4。

表 3-4　内锥孔的加工程序

程　　序	说　　明
O3004；	主程序名
G99 T0101M03S700；	
G00X52.Z2.；	快速定位
G94X18.Z0.F0.08；	车端面
G00X100.Z100.；	G90 车外圆
T0202S500；	换 2 号刀
G00 Z2.；	
X21.5；	
G01Z－61.F0.1；	粗车内孔（第一刀）
X21.；	
G00Z2.；	
X24.；	
G01Z－61.；	粗车内孔（第二刀，留 1mm 精车余量）
X21.；	
G00Z2；	
G90X23.Z－10.R2.5；	G90 粗车内锥面
Z－20.R4.5；	
Z－30.R6.5；	
Z－40.R8.5；	
G01X45.6；	
X－25.Z－50.；	精车内锥面
Z－61.；	精车内孔
X21.；	
G00Z2.；	
X100.Z100.；	
M05；	主轴停
M30；	主程序结束并返回

3-4　内锥孔的加工

3.3　内圆弧的加工编程

3.3.1　内凹圆弧的加工编程

内凹圆弧的加工图样及工件外形如图 3-7 所示。

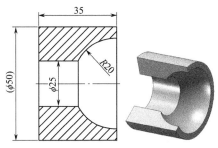

图 3-7　内凹圆弧的加工图样及工件外形

　　工件毛坯为 ϕ50mm×36mm，根据图样加工要求，选用 93°机夹外圆车刀和内孔车刀，并分别安装在 1、2 号刀位上。麻花钻安装在尾座上，不参与编程（手动钻出 ϕ22mm 底孔）。工件坐标原点选为右端面与轴线的交点，采用固定点换刀方式。工件加工程序见表 3-5。

表 3-5　内凹圆弧的加工程序

程　　序	说　　明
O3005；	主程序名
G99M03S800T0101；	
G00X50.Z0.；	快速定位
G01X18.F0.08；	车端面
Z2.；	
G00X100.Z100.；	
T0202S500；	换 2 号刀
G00X18.Z2.；	
G90X22.Z-36.F0.12；	粗车内孔
X24.；	
G00X30.；	
G01Z0.；	
G03X24.Z-9.R15.；	第一次车内圆弧面
G01X21.；	
G00Z0.；	
G01X34.；	
G03X24.Z-12.04.R17.；	第二次车内圆弧面
G01X21.；	
G00Z0.；	
G01X38.；	

续表

程　序	说　明	
G03X24.Z－14.73R19.;	第三次车内圆弧面	
G01X21.;		
G00Z0.;		
G01X40.;		
G03X25Z－15.61R20.;	第四次车内圆弧面	
G01Z－36.;	精车内孔	 3-5　内凹圆弧的加工
X21.;		
G00Z2.;		
G00X100.Z100.;		
M05;	主轴停	
M30;	主程序结束并返回	

3.3.2　内凸圆弧的加工编程

内凸圆弧的加工图样及工件外形如图 3-8 所示。

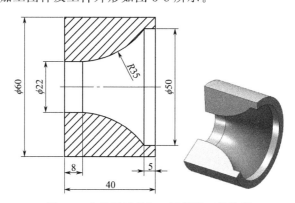

图 3-8　内凸圆弧的加工图样及工件外形

工件毛坯为 $\phi60\text{mm}\times41\text{mm}$，根据图样加工要求，选用 93°机夹外圆车刀和内孔车刀，并分别安装在 1、2 号刀位上。麻花钻安装在尾座上，不参与编程（手动钻出 $\phi20\text{mm}$ 底孔）。工件坐标原点选为右端面与轴线的交点，采用固定点换刀方式。工件加工程序见表 3-6。

表 3-6　内凸圆弧的加工程序

程　序	说　明
O3006;	主程序名
G99M03S800T0101;	
G00X61.Z0.;	快速定位

程　　序	说　　明
G01X18.F0.1；	车端面
Z2.；	
G00X100.Z100.；	
T0202S500；	换2号刀
G00X21.5	
Z2.；	
G01Z－41.F0.12；	粗车内孔
X21.；	
G00Z2.；	
X23.；	车止口
G01Z－5.；	
X21.；	
G00Z2.；	
X24.11；	
G01Z－5.；	
G02X21.5W－2.R44.；	第一次车内凸圆弧面
G01X21.；	
G00Z2.；	
X26.72；	
G01Z－5.；	
G02X21.5W－3.73.R43.；	第二次车内凸圆弧面
G01X21.；	
G00Z2.；	
X29.38；	
G01Z－5.；	
G02X21.5W－5.54R42.；	第三次车内凸圆弧面
G01X21.；	
G00Z2.；	
X32.09；	
G01Z－5.；	
G02X21.5W－7.47.R41.；	第四次车内凸圆弧面
G01X21.；	
G00Z2.；	
X34.86；	

续表

程　　序	说　　明
G01Z−5.;	
G02X21.5W−9.55.R40.;	第五次车内凸圆弧面
G01X21.;	
G00Z2.;	
X37.7;	
G01Z−5.;	
G02X21.5W−11.83.R39.;	第六次车内凸圆弧面
G01X21.;	
G00Z2.;	
X40.61;	
G01Z−5.;	
G02X21.5W−14.42.R38.;	第七次车内凸圆弧面
G01X21.;	
G00Z2.;	
X43.62;	
G01Z−5.;	
G02X21.5W−17.53.R37.;	第八次车内凸圆弧面
G01X21.;	
G00Z2.;	
X46.74;	
G01Z−5.;	
G02X21.5W−21.95.R36.;	第九次车内凸圆弧面
G01X21.;	
G00Z2.;	
X48.;	
G01Z−5.;	
X45.;	
G00Z2.;	
X49.5;	
G01Z−5.;	
X45.;	
G00Z2.;	
X50.;	

程 序	说 明
G01Z－5.;	精车止口
G02X22.W－27.R35.;	第十次车内凸圆弧面(精车)
G01Z－41.;	
X21.;	
G00Z2.;	
X100.Z100.;	
M05;	主轴停
M30;	主程序结束并返回

3-6 内凸圆弧的加工

3.3.3 内圆弧综合件加工编程

内圆弧综合件加工图样及工件外形如图 3-9 所示。

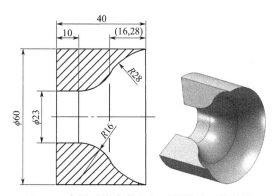

图 3-9 内圆弧综合件的加工图样及工件外形

工件毛坯为 $\phi60\text{mm}×40\text{mm}$，根据图样加工要求，本实例不加工端面，只选用一把内孔车刀，安装在 1 号刀位上。麻花钻安装在尾座上，不参与编程(手动钻出 $\phi20\text{mm}$ 底孔)。工件坐标原点选为右端面与轴线的交点，采用固定点换刀方式。工件加工程序见表 3-7。

表 3-7　内圆弧综合件的加工程序

程 序	说 明
O3007;	主程序名
G99M03S500;	
T0101G00X21.;	快速定位至循环起刀点
Z2.;	

续表

程　　序	说　　明	
G71U1. R0.5;	G71 车内轮廓	
G7193Q5U0.3W0.1F0.1;		
N3G00X60.;		
G01Z0.;		
G02X41.5Z−16.28R28.F0.08;		
G03X23.Z−30.R16.;		
N5G01Z−41.;		
X21.;		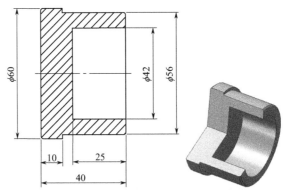
G70P3Q5;	G70 精车	
G00X100.Z100.;		
M05;	主轴停	3-7　内圆弧综合件的加工
M30;	主程序结束并返回	

3.4　平底孔和内沟槽的加工编程

3.4.1　平底孔的加工编程

平底孔加工图样及工件外形如图 3-10 所示。

图 3-10　平底孔加工图样及工件外形

工件毛坯为 $\phi62mm$ 棒料，根据图样加工要求，选用 93°机夹外圆车刀和内孔车刀，安装在 1、2 号刀位上，选用刀宽 5mm 的切断刀安装在 3 号刀位上。麻花钻安装在尾座上，不参与编程（先手动钻出 $\phi25mm$ 底孔）。工件坐标原点选为右端面与轴线的交点，采用固定点换刀方式。工件加工程序见表 3-8。

表 3-8　平底孔的加工程序

程　　序		说　　明	
O3008；		主程序名	
G99T0101M03S800；			
G00X62. Z2. ；		快速定位至循环起刀点	
G94X20. Z0. F0.15；		车端面	
G90X61. Z－40. ；		G90 车外轮廓	
X57. Z－30. ；		倒角 C1	
G01X56. Z－1. ；		精车 φ56mm 外圆	
Z－30. ；			
X60. ；		精车 φ60mm 外圆	
Z－40. ；			
X－62. ；			
G00X100. Z100. ；			
T0202S400；			
G00X23. ；			
Z2. ；			
G90X27. Z－30. F0.1；			
X29. ；			
X31. ；			
X33. ；		G90 车内轮廓	
X35. ；			
X37. ；			
X39. ；			
G00X40. ；			
G01Z－30. ；			
X0. ；		车平底孔端面	
G00Z2. ；		退刀	
G00X100. Z100. ；			
T0303S400；			
G00X62. Z－45. ；			
G01X0. F0.1；	G01X1. F0.1；	切断（留 1mm 未切断）	
Z－43. ；	X－62. ；	Z 向退刀（X 向退刀）	
G00X100. Z100. ；			
M05；		主轴停	
M30；		主程序结束并返回	

3-8　平底孔的加工

3.4.2 内沟槽的加工编程

内沟槽加工图样及工件外形如图 3-11 所示。

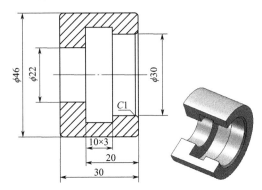

图 3-11 内沟槽加工图样及工件外形

工件毛坯为 $\phi46mm \times 31mm$，根据图样加工要求，选用 93° 机夹外圆车刀和内孔车刀，安装在 1、2 号刀位上。麻花钻安装在尾座上，不参与编程（先手动钻出 $\phi20mm$ 底孔）。工件坐标原点选为右端面与轴线的交点，采用固定点换刀方式。工件加工程序见表 3-9。

表 3-9 内沟槽的加工程序

程　序	说　明
O3009；	主程序名
G99T0101M03S800；	用 G 指令建立工件坐标系，主轴以 800r/min 正转
G00 X48. Z2.；	快速定位起刀点
G01 X0. Z0. F0.1；	车端面
G00 X100. Z100.；	至外圆起刀点位置
T0202S400；	换 2 号刀，主轴以 400r/min 正转
G00X20. Z2.；	至循环点
G90X21. Z−31. F0.1；	
X23. Z−20.；	
X24.5；	
X26.；	G90 精车内孔
X27.5；	
X29.；	
G00X36.；	
G01X30. Z−1.；	倒角 C1
W−19.；	车 $\phi30mm$ 内孔

程 序	说 明
X22. ;	车内孔台阶面
Z-31. ;	车 φ22mm 内孔
X20. ;	
G00Z2. ;	
G00X100. Z100. ;	至换刀点位置
T0303S400;	换 3 号刀
G00X25. Z2. ;	
G01Z-15. ;	
X36. F0.1;	车内沟槽
X25. ;	退刀
Z-20. ;	进刀
X36. ;	第二次车内沟槽
Z-15. ;	精车槽底
X25. ;	
G00Z2. ;	
X100. Z100. ;	
M05;	主轴停
M30;	主程序结束并返回

3-9 内沟槽的加工

3.5 套类综合工件的加工编程

3.5.1 套类综合工件一加工编程

套类综合工件一的加工图样及外形如图 3-12 所示。

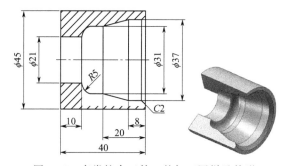

图 3-12 套类综合工件一的加工图样及外形

工件毛坯为 $\phi 45mm \times 41mm$，根据图样加工要求，选用 93° 机夹端面车刀和内孔车刀，并安装在 1、2 号刀位上。麻花钻安装在尾座上，不参与编程（先手动钻出 $\phi 18mm$ 底孔）坐标原点选为零件右端面与轴线的交点，并采用固定点换刀方式。工件加工程序见表 3-10。

表 3-10　套类综合工件一加工程序

程　　序	说　　明
O3010；	主程序名
G99T0101 M03 S700；	用 G 指令建立工件坐标系，主轴以 700r/min 正转
G00X47.Z0.；	快速定位起刀点
G01X17.F0.1；	车端面
Z2.；	Z 向退刀
G00 X100.Z100.；	至外圆起刀点位置
T0202S400；	换 2 号刀，主轴以 400r/min 正转
G00X20.Z2.；	至循环点
G71U0.5.R0.1；	
G71P4Q7U0.5W0.1F0.15；	
N4 G00 X41.；	至倒角线上
Z0.；	
G01X37.Z－1F0.1；	倒角
W－6.；	车 $\phi 37mm$ 内孔
X31.W－12.；	车斜面
W－5.；	车 $\phi 31mm$ 内孔
G03X21.W－5.R5.；	车 R5 内圆弧
N7G01Z－41；	车 $\phi 16mm$ 内孔
G70P4Q7；	G70 循环精车
G00X100.Z100.；	至换刀点位置
M05；	主轴停
M30；	主程序结束并返回

3-10　套类综合工件一的加工

3.5.2　套类综合工件二加工编程

套类综合工件二的加工图样及外形如图 3-13 所示。

工件毛坯为 $\phi 45mm \times 41mm$，根据图样加工要求，选用内孔车刀和刀宽 5mm 的内沟槽切刀，并安装在 1、2 号刀位上。平底麻花钻在安装尾座上，不参与编程（先手动钻出 $\phi 25mm$ 底孔）坐标原点选为零件右端面与轴线的交点，并采用固定点换刀方式。工件加工程序见表 3-11。

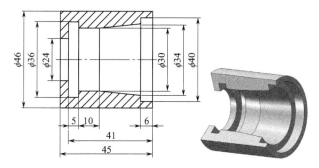

图 3-13　套类综合工件二的加工图样及外形

表 3-11　套类综合工件二加工程序

程　序	说　明	
O3011;	主程序名	
G99T0101M03 S700;	用 G 指令建立工件坐标系,主轴以 700r/min 正转	
G00 X22. Z2. ;	快速定位起刀点	
G71 U1. R1. ;		
G71P1Q5U0.5E0.1F0.15;		
N1G00X40. ;		
Z0. ;		
G01Z−6.F0.1;		
X34.	G71 车内轮廓	
X30. W−20. ;		
W−15. ;		
X24. ;		
N5Z−46. ;		
G70P4Q7;	G70 循环精车	
G00 X100. Z100. ;	至换刀点位置	
T0202S400;	换 2 号刀	
G00X25. ;		
Z2. ;		
Z−41. ;		
G01X36.F0.08;	切内沟槽	
X25. ;		
G00Z2. ;		
X100. Z100. ;		
M05;	主轴停	3-11 套类综合工件二的加工
M30;	主程序结束并返回	

3.5.3 套类综合工件三加工编程

套类综合工件三的加工图样及外形如图 3-14 所示。

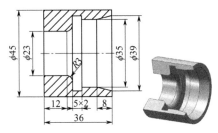

图 3-14 套类综合工件三的加工图样及外形

工件毛坯为 ϕ45mm×41mm，根据图样加工要求，选用 93°机夹端面车刀和内孔车刀，并安装在 1、2 号刀位上，麻花钻安装在尾座上，不参与编程（先手动钻出 ϕ18mm 底孔）。坐标原点选为零件右端面与轴线的交点，并采用固定点换刀方式。工件加工程序见表 3-12。

表 3-12 套类综合工件三加工程序

程　　序	说　　明
O3012；	主程序名
G99T0101M03S700；	用 G 指令建立工件坐标系，主轴以 700r/min 正转
G00X47.Z0.；	快速定位起刀点
G01X17.F0.1；	车端面
Z2.；	Z 向退刀
G00X100.Z100.；	至外圆起刀点位置
T0202S400；	换 2 号刀，主轴以 400r/min 正转
G00X20.Z2.；	至循环点
G71U0.5.R0.1；	
G71P4Q7U0.5W0.1F0.15；	
N4G00X41.；	至倒角线上
Z0.；	
G01X37.Z−1F0.1；	倒角
W−6.；	车 ϕ37mm 内孔
X31.W−12.；	车斜面
W−5.；	车 ϕ31mm 内孔

程　序	说　明
G03X21. W−5. R5.；	车 $R5$ 内圆弧
N7G01Z−41；	车 $\phi16$mm 内孔
G70P4Q7；	G70 循环精车
G00X100. Z100.；	至换刀点位置
M05；	主轴停
M30；	主程序结束并返回

3-12　套类综合工件
三的加工

3.5.4　法兰盘的加工编程

法兰盘加工图样及工件外形如图 3-15 所示。

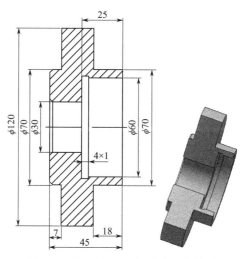

图 3-15　法兰盘加工图样及工件外形

工件毛坯为 $\phi122$mm×48mm×$\phi25$mm，根据图样加工要求，选用 93°机夹外圆车刀、内孔车刀和刀宽 4mm 的内沟槽车刀，安装在 1、2 和 3 号刀位上。工件先加工左侧 $\phi120$mm、$\phi70$mm、外圆，再调头夹 $\phi120$mm 外圆车右侧和内形轮廓。零件坐标原点有两个，选为零件左、右端面与轴线的交点，采用固定点换刀方式。工件加工程序见表 3-13。

表 3-13　法兰盘加工程序

程　序	说　明
O3013；	主程序名
G99T0101M03S700；	用 G 指令建立工件坐标系，主轴以 700r/min 正转
G00X124. Z2.；	快速定位循环点

续表

程　序	说　明
G94X0．Z0．F0．05；	车左侧端面
X70．Z－3．F0．1；	车左侧外形轮廓表面
Z－6．；	
Z－7．；	
G00Z－27．；	
G01X120．F0．05；	
Z－7．；	
X70．；	
Z－1．；	
X68．Z0．；	
G00X150．Z100．；	
M00；	暂停
G00X124．Z2．；	
M03S700；	
G94X0．Z0．F0．05；	车右侧端面
X70．Z－4．；	车右侧外形轮廓表面
Z－8．；	
Z－12．；	
Z－16．；	
Z－18．；	
G00X150．Z100．；	
T0202S450；	
G00X25．Z2．；	
G71U1．R1．；	车内轮廓表面
G71P10Q35U0．25W0.1F0.1；	
N10G00X60．；	
G01Z－25．；	
X30．；	
N35G01Z－45．；	
X25．；	
G00Z100．；	
X150．；	
T0303；	
G00X25．Z2．；	

程 序	说 明	
Z-25.;		
G01X58.F0.1;	切内沟槽	
G01X25.F0.3;	X 向退刀	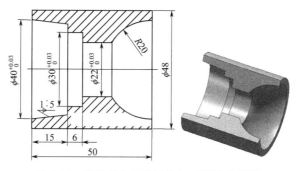
G00Z100.;		
X150.;		
M05;	主轴停	3-13 法兰盘的加工
M30;	主程序结束	

3.5.5 套类综合工件四的加工编程

套类综合工件四的加工图样及外形如图 3-16 所示。

图 3-16 套类综合工件四的加工图样及外形

工件毛坯为 $\phi50mm$ 棒料，根据图样加工要求，选用 93°内孔车刀和刀宽为 5mm 的切断刀，安装在 1、2 号刀位上，麻花钻安装在尾座上，不参与编程（先手动钻出 $\phi20mm$ 底孔）。工件先加工左侧，切断后（见图 3-17）再调头车右侧内形轮廓。零件坐标原点有两个，选为零件左、右端面与轴线的交点。采用固定点换刀方式，工件左侧加工程序见表 3-14、右侧见表 3-15。

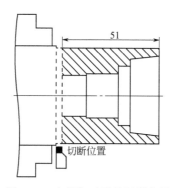

图 3-17 左侧加工后的切断位置

表 3-14　套类综合工件四（左侧）加工程序

程　序	说　明	
O3014;	主程序名	
G99T0101M03S600;	用 G 指令建立工件坐标系,主轴以 600r/min 正转	
G00X20.Z2.;		
G71U1.R0.3;		
G71P2Q9U−0.5W0.5F0.15;		
N2G00X40.S1200;		
G01Z0.;		
X37.Z−15.;	G71 循环粗车左端内轮廓面	
X30.;		
Z−21.;		
X22.;		
Z−34.;		
N9G01X20.;		
G70P2Q9;		
G00X100.Z100.;		
T0202S450;		
G00X52.Z−56.;		
G01X22.F0.1;	切断	
Z−53.;	Z 向退刀	
G00X100.Z100.;		3-14 套类综合工件
M05;	主轴停	四的加工（左侧）
M30;	主程序结束并返回	

表 3-15　套类综合工件四（右侧）加工程序

程　序	说　明
O3015;	主程序名
G99T0101M03S600;	用 G 指令建立工件坐标系,主轴以 600r/min 正转
G00X20.Z2.;	
G71U1.R0.3;	G71 循环粗车右端内轮廓面
G71P5Q10U−0.5W0.5F0.15;	

程 序	说 明
N5G00X40. S1200;	G71 循环粗车右端内轮廓面
G01Z0. ;	
G03X21.07Z－17. R20. ;	
N10G01X20.	
G70P5Q10;	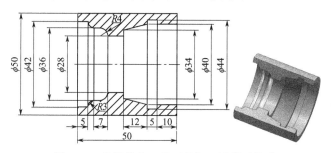 3-15 套类综合工件 四的加工（右侧）
G00X100. Z100. ;	
M05;	主轴停
M30;	主程序结束并返回

3.5.6 套类综合工件五的加工编程

套类综合工件五的加工图样及外形如图 3-18 所示。

图 3-18 套类综合工件五的加工图样及外形

工件毛坯为 $\phi50mm\times50mm\times\phi25mm$，根据图样加工要求，选用内孔车刀和刀宽为 5mm 的内沟槽刀，安装在 1、2 号刀位上。工件先加工右侧，再调头车左侧内形轮廓。零件坐标原点有两个，选为零件左、右端面与轴线的交点。采用固定点换刀方式，工件右侧加工程序见表 3-16、左侧见表 3-17。

表 3-16 套类综合工件五（右侧）加工程序

程 序	说 明
O3016;	主程序名
G99T0101S600M03;	用 G 指令建立工件坐标系,主轴以 600r/min 正转
G00X100. Z100. ;	
G00X25. Z3. ;	

续表

程　序	说　明
G71U1.5R1.；	
G71P2Q8U0.5 W0.1F0.2；	
N2G00X40.；	
G01Z−15.F0.12；	G71 循环粗车左端内轮廓面
X34.W−12.；	
X28.；	
W−9.；	
N8G01X25.；	
G70P2Q8；	
G00X100.Z100.；	
T0202S400；	
G00X25.Z3.；	
Z−15.；	

程　序	说　明	
G01X44.F0.1；	切断	
G04P2；	Z 向退刀	
G01X25.；		
G00X100.Z100.；		
M05；	主轴停	3-16　套类综合工件五的加工（右侧）
M30；	主程序结束并返回	

表 3-17　套类综合工件五（左侧）加工程序

程　序	说　明
O3017；	主程序名
G99T0101M03S600；	用 G 指令建立工件坐标系，主轴以 600r/min 正转
G00X25.Z3.；	
G71U1.5R1.；	
G71P10Q25U0.5W0.5F0.2；	
N10G00X42.；	
G01Z−5.F0.12；	G71 循环粗车右端内轮廓面
G02X36.W−3.R3.；	
G01W−3.；	
N25G03X28.W−4.R4.；	

程　　序	说　　明
G7010Q25；	3-17　套类综合工件 五的加工（左侧）
G00X100. Z100. ；	
M30；	主程序结束并返回

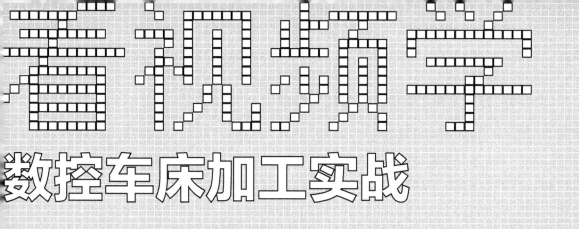

看视频学

数控车床加工实战

chapter 4

第 4 章

螺纹工件的加工编程

4.1 普通三角形螺纹工件的加工编程

4.1.1 加工相关编程指令

（1）单行程螺纹切削指令 G32

G32 可以切削直螺纹、锥螺纹和端面螺纹，如图 4-1 所示。

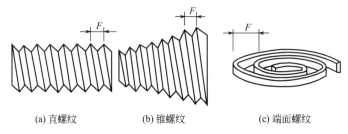

(a) 直螺纹　　　　　　(b) 锥螺纹　　　　　　(c) 端面螺纹

图 4-1　G32 适应范围

G32 切削循环分为四个步骤：进刀（AB）—切削（BC）—退刀（CD）—返回（DA），如图 4-2 所示。这四个步骤均需编入程序。

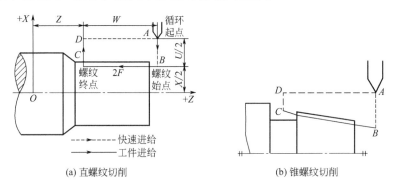

(a) 直螺纹切削　　　　　　　　　　(b) 锥螺纹切削

图 4-2　G32 切削走刀路径

指令书写格式为：

$$G32\ X\ (U)\_Z\ (W)\_F\_ ;$$

直螺纹切削时，刀具的运动轨迹是一条直线，所以 X（U）为 0，故而在指令中不必写出，即：

$$G32\ Z\ (W)\_F\_ ;$$

X（U）、Z（W）为螺纹终点坐标，F 是螺纹导程。

要特别注意的是：在数控车床上车削螺纹时，沿螺距方向进给应与车床主轴的旋转保持严格的速比关系，因此应避免在进给机构加速或减速过程中切削。为此要有引入距离（升速进刀段）δ_1 和超越距离（降速退刀段）δ_2，如图 4-3 所示。δ_1 和 δ_2 的数值与车床拖动系统的动态特性有关，与螺纹的螺距和螺纹的精度有关。一般 δ_1 为 2～5mm，对大螺距和高精度的螺纹取大值；δ_2 一般取 δ_1 的四分之一左右。若螺纹收尾处没有退刀槽，则收尾处的形状与数控系统有关，一般按 45°退刀收尾。

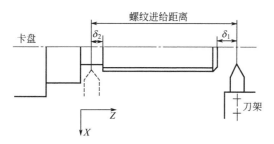

图 4-3 车削螺纹时的引入距离和超越距离

（2）螺纹切削单次循环指令 G92

G92 可以切削直螺纹和锥螺纹。

G92 切削循环按进刀（AB）—切削（BC）—退刀（CD）—返回（DA）四个步骤矩形循环，如图 4-4 所示。

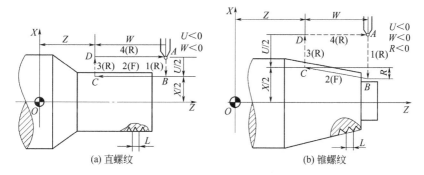

图 4-4 G92 切削走刀路径

指令书写格式为：

直螺纹 G92 X（U）_Z（W）_F_；

锥螺纹 G92 X（U）_Z（W）_R_F_；

X，Z——绝对编程时有效螺纹终点在工件坐标系中的位置；

U，W——增量编程时有效螺纹终点相对于螺纹切削起点的增量；

F——螺纹导程；

R——锥螺纹起点与有效螺纹终点的半径之差。

对于圆锥螺纹中的 R 值，在编程时要注意有正、负之分。在车削正锥螺纹时，由于锥螺纹起点尺寸小于终点尺寸，因此，锥螺纹起点与有效螺纹终点的半径之差为负值，也就是 R 为负值；而在车削倒锥螺纹时，锥螺纹起点尺寸大于终点尺寸，因此，锥螺纹起点与有效螺纹终点的半径之差为正值，也就是 R 为正值。

R 值大小应根据不同距离来计算确定。如图 4-5 所示，由于螺纹切削时有升速进刀段和降速退刀段，因此用于确定 R 值的距离为 $30+\delta_1+\delta_2$，R 值的大小应按该长度来计算，以保证螺纹锥度的正确性。

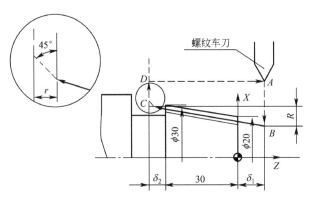

图 4-5　确定 R 值的大小

　　确定圆锥螺纹升速进刀段 δ_1 和降速退刀段 δ_2 分别为 6mm 和 3mm，从图 4-5 中得知，圆锥螺纹大端直径为 30mm，小端直径为 20mm。锥度长为 30mm，根据公式 $C=(D-d)/L$ 计算得 $C=(30-20)/L=1:3$。

　　因此就有：

　　$(C_X-30)/\delta_2=1:3$，则降速退刀段 C 的值为 $C_X=31$。

　　$(20-B_X)/\delta_1=1:3$，则降速退刀段 B 的值为 $B_X=18$。

　　因此 R 大小值为：$(18-31)/2=-6.5$。

　　设定圆锥螺纹螺距 $P=2mm$，螺纹分四次走刀车出，则编程如下：

$$\cdots$$
$$G00X31.Z6.\,;$$
$$G92X28.9Z-36.F2.R-6.5\,;$$
$$X28.4\,;$$
$$X28.15\,;$$
$$X28.05\,;$$
$$\cdots$$

　　需要强调的是：在执行 G92 循环时，在螺纹切削的退尾处，刀具沿接近 45°的方向斜向退刀，Z 向退刀 $r=(0.1\sim12.7)P$，该值由数控系统参数设定。另外，当 Z 轴移动量没有变化时，只需对 X 轴指定其移动指令即可重复执行循环动作。

4.1.2　螺纹工件的对刀

　　（1）外螺纹车刀的对刀

　　① X 方向对刀。如图 4-6（a）所示，用外螺纹车刀试切，长度 2～3mm，然后沿 +Z 方向退出刀具，停车测出外圆直径，将其值输入至相应的刀具长度补偿中。

　　② Z 方向对刀。如图 4-6（b）所示，移动螺纹车刀使刀尖与工件右端面平齐，采用目测法或用直尺对齐，然后将刀具位置数据输入至相应的刀具长度补偿中。

　　（2）内螺纹车刀的对刀

　　① X 方向对刀。如图 4-7（a）所示，用内螺纹车刀试切，长度 2～3mm，然

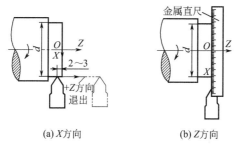

(a) X方向   (b) Z方向

图 4-6　外螺纹车刀的对刀

后沿＋Z 方向退出刀具，停车测出外圆直径，将其值输入至相应的刀具长度补偿中。

② Z 方向对刀。如图 4-7（b）所示，移动螺纹车刀使刀尖与工件右端面平齐，采用目测法或用直尺对齐，然后将刀具位置数据输入至相应的刀具长度补偿中。

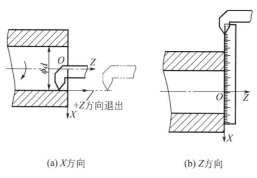

(a) X方向   (b) Z方向

图 4-7　内螺纹车刀的对刀

4.1.3　加工编程实战

（1）小螺距外螺纹加工编程

小螺距外螺纹加工图样及工件外形如图 4-8 所示。

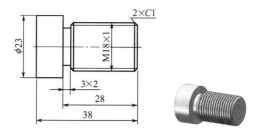

图 4-8　小螺距外螺纹加工图样及工件外形

工件毛坯为 $\phi25$mm 棒料，根据图样加工要求，选用 93°机夹外圆车刀、刀宽 3mm 切槽刀和 60°螺纹车刀，并分别安装在 1、2 和 3 号刀位上。工件坐标原点选为右端面与轴线的交点，采用固定点换刀方式。工件加工程序见表 4-1。

表 4-1 小螺距外螺纹加工程序

程　序	说　明
O4001；	主程序名
G99M03S800T0101；	
G00X27.Z2.；	快速定位
G94X－1.Z0.F0.1；	车端面
G90X22.Z－38.F0.15；	粗车 ϕ23mm 外圆（留 1mm 精车余量）
X19.Z－28.；	粗车螺纹大径（留 1mm 精车余量）
G00X11.9；	
X17.9Z－1；	倒角 C1
Z－28.；	精车螺纹大径
X23.；	
Z－38.；	精车 ϕ23mm 外圆
X27.；	
G00X100.Z100.；	
T0202S500；	换 2 号刀
G00X25.；	
Z－28.；	
G01X14.F0.1；	
X25.F0.3；	
G00X100.Z100.；	
T0303；	
G00X20.Z3.；	
G01X17.4；	
G32Z－26.5F1.；	第一次车螺纹
G01X20.；	
G00Z3.；	
G01X17.；	
G32Z－26.5F1.；	第二次车螺纹
G01X20.；	
G00Z3.；	
G01X16.7；	
G32Z－26.5F1.；	第三次车螺纹
G01X20.；	
G00Z3.；	

程 序	说 明
G01X16.6;	
G32Z−26.5F1.;	第四次车螺纹
G01X20.;	
G00X100.Z100.;	
M05;	主轴停
M30;	主程序结束并返回

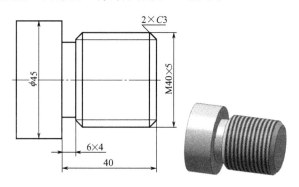

4-1 小螺距外螺纹的加工

（2）大螺距外螺纹的加工编程

大螺距外螺纹加工图样及工件外形如图 4-9 所示。

图 4-9　大螺距外螺纹加工图样及工件外形

工件毛坯为 $\phi45$mm 棒料，根据图样加工要求，选用 93°机夹外圆车刀、刀宽 6mm 切槽刀和 60°螺纹车刀，并分别安装在 1、2 和 3 号刀位上。工件坐标原点选为右端面与轴线的交点，采用固定点换刀方式。工件加工程序见表 4-2。

表 4-2　大螺距外螺纹加工程序

程 序	说 明
O4002;	主程序名
G99T0101M03S800;	
G00X47.Z2.;	快速定位
G94X−1.Z0.F0.1;	车端面
G90X43.Z−40.F0.2;	粗车螺纹大径
X41.;	
G00X30.;	
X40.Z−3.F0.1;	倒角

续表

程　序	说　明
Z−40.;	精车螺纹大径
X47.;	
G00X100.Z100.;	
T0202S500;	换 2 号刀
G00X47.;	
Z−40.;	
G01X33.F0.1;	
X47.;	
Z−33.5;	
X34.Z−40.;	倒角
X32.;	
X47.F0.3;	
G00X100.Z100.;	
T0303;	
G00X42.Z3.;	
G92X39.Z−37.F5.;	车螺纹
X38.2;	
X37.7;	
G01Z2.8;	借刀（向左借 0.2mm）
G92X37.2.Z−37.F5.;	
X36.7;	
X36.2;	
G01Z3.2;	借刀（向右借 0.2mm）
G92X35.7.Z−37.F5.;	
X35.2;	
X34.7;	

程　序	说　明	
G01Z3.;	回起刀点	
G92X34.6.Z−37.F5.;		
X34.58;		
G00X100.Z100.;		
M05;	主轴停	4-2 大螺距外螺纹的加工
M30;	主程序结束并返回	

(3) 内螺纹的加工编程

内螺纹的加工图样及工件外形如图 4-10 所示。

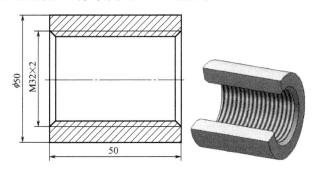

图 4-10　内螺纹的加工图样及工件外形

工件毛坯为 $\phi50\text{mm}\times50\text{mm}$，根据图样加工要求，选用通孔车刀和 $60°$ 内螺纹车刀，并分别安装在 1、2 号刀位上（麻花钻安装在尾座上，不参与编程，先手动钻出 $\phi25\text{mm}$ 底孔）。其坐标原点选为零件右端面与轴线的交点。并采用固定点换刀方式。工件加工程序见表 4-3。

表 4-3　内螺纹加工程序

程　　　序	说　　　明
O4003；	主程序名
G99T0101M03S500；	用 G 指令建立工件坐标系，主轴以 500r/min 正转
G00X25.Z2.；	快速定位起刀点
G90X28.Z−53.F0.12；	循环粗车
X29.；	
G00X34.；	至倒角延长线处
Z0.；	
G01X30.Z−2.；	倒角 C2
Z−53.；	精车螺纹顶径
X25.；	X 向退刀
G00Z100.；	Z 向退刀
X150.；	至换刀点
T0202S400；	换 2 号刀，主轴以 400r/min 转动
G00X25.Z3.；	

续表

程　　序	说　　明	
G92X31.Z−53.F2.；	车内螺纹	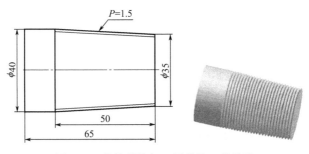
X31.5；		
X31.835		
X32.；		
G00X150.Z100.；	至换刀点位置	
M05；	主轴停	
M30；	主程序结束并返回	4-3　内螺纹的加工

（4）外锥螺纹的加工编程

外锥螺纹的加工图样及工件外形如图 4-11 所示。

图 4-11　外锥螺纹加工图样及工件外形

工件毛坯为 ϕ45mm 棒料，根据图样加工要求，选用 93°机夹外圆车刀、60°外螺纹车刀和刀宽 5mm 的切断刀，并分别安装在 1、2 和 3 号刀位上。其坐标原点选为零件右端面与轴线的交点，并采用固定点换刀方式，工件加工程序见表 4-4。

表 4-4　外锥螺纹加工程序

程　　序	说　　明
O4004；	主程序名
G99T0101M03S800；	用 G 指令建立工件坐标系，主轴以 800r/min 正转
G00X47.Z0.；	刀具定位
G01X−1.F0.1；	车端面
Z2.；	
G00X47.；	
G90X42.Z−65.F0.15；	
X40.；	
G00X100.Z100.；	

程　　序	说　　明
T0202S500	换 2 号刀
G00X42.Z2.；	快速定位
G92X39.2Z−50.F1.5R−2.6；	车外锥螺纹
X38.7；	
X38.4；	
X38.15；	
X38.05；	
G00 X100.Z100.；	至换刀点位置
T0303；	
G00X47.；	
Z−70.；	
G01X0.F0.1；	
G00Z100.；	
X100.；	
M05；	主轴停
M30；	主程序结束并返回

4-4　外锥螺纹的加工

(5) 双头螺纹的加工编程

双头螺纹加工图样及工件外形如图 4-12 所示。

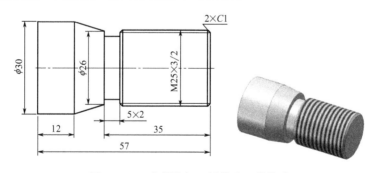

图 4-12　双头螺纹加工图样及工件外形

工件毛坯为 $\phi32\text{mm}$ 棒料，根据图样加工要求，选用 93°机夹外圆车刀、60°外螺纹车刀和刀宽 5mm 的切断刀，并分别安装在 1、2 和 3 号刀位上。其坐标原点选为零件右端面与轴线的交点，并采用固定点换刀方式，工件加工程序见表 4-5。

表 4-5　双头螺纹加工程序

程　序	说　明
O4005；	主程序名
G99T0101M03S800；	用 G 指令建立工件坐标系,主轴以 800r/min 正转
G00X34.Z2.；	刀具定位
G94X-1.Z0.F0.1；	车端面
G71U1.5R1.；	
G71P5Q10U1.W0.1F0.2；	
N5G00X19.；	
G01X25.Z-1.F0.1；	
W-34.；	G71 车外形轮廓
X26.；	
X30.W-10；	
W-12.；	
N10G01X34.；	
G70P1Q5；	G70 精车
G00X100.Z100.；	
T0202S500；	换 2 号刀
G00X30.；	
Z-35.；	
G01X22.；	粗切槽
X30.；	
Z-33.5F0.3；	
X23.Z-35.F0.1；	倒角
X21.；	切底槽
X30.；	
G00X100.Z100.；	
T0303S400；	
G00X27.Z3.；	快速定位
G92X24.5Z-32.F3.；	粗车第一条螺纹
X24.1；	
X23.8；	
X23.6；	
G01Z1.5；	分头
G92X24.5Z-33.5F3.；	粗车第二条螺纹

程　　序	说　　明
X24.1;	
X23.8;	
X23.6;	
G01Z3.;	
G92X23.4Z−32.F3.;	精车第一条螺纹
X23.3;	
X23.2;	
G01Z1.5;	
G92X23.4Z−33.5F3.;	精车第二条螺纹
X23.3;	
X23.2;	
G00 X100.Z100.;	至换刀点位置
M05;	主轴停
M30;	主程序结束并返回

4-5　双头螺纹的加工

4.2　梯形螺纹的加工编程

4.2.1　加工相关编程指令

对于梯形螺纹，为避免加工时出现螺纹车刀三刃同时参与切削，引起"扎刀"和"爆刀"等不良现象，就必须采用 G76 指令。G76 用于多次自动循环切削螺纹，它只需一段指令程序就可完成螺纹的切削循环加工。

图 4-13 所示为 G76 循环的走刀路径与进刀方式。

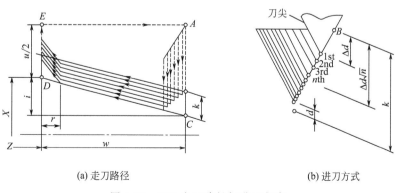

(a) 走刀路径　　　　　　　　(b) 进刀方式

图 4-13　G76 走刀路径与进刀方式

G76 为斜进式切削方法。由于该方法为单侧刃加工，刀具刃口容易磨损，使加工的螺纹面不直，刀尖角也容易发生变化，从而造成牙型精度差。但其加工时产生的切削抗力小，刀具负载也小，排屑容易，并且切削深度为递减式，因此该加工方法一般适用于大螺距螺纹的切削。

指令书写格式为：

$$G76 \ P \ (m)(r)(\alpha) \ Q \ (\Delta d_{min}) \ R \ (d);$$

$$G76 \ X \ (U)\_Z \ (W)\_R \ (i) \ P \ (k) \ Q \ (\Delta d) \ F \ (f);$$

m——精加工最终重复次数，取值范围 $1 \sim 99$，该值是模态的，在下一次被指定前一直有效，也可以通过参数设定；

r——螺纹尾端倒角量，该值的大小是螺纹导程 F 的 $0.1 \sim 9.9$ 倍，以 0.1 为一挡逐级增加，设定时用 00 $\sim$ 99 之间的两位数表示；

α——刀具刀尖角的角度大小，可选择 80°、60°、55°、30°、29°、0°六种，其值用两位数指定（m、r、α 可用地址一次指定，如 $m = 2$，$r = 1.2P$，$\alpha = 60°$ 时可写为 P02 12 60）；

Δd_{min}——最小切入时的精加工余量；

X，Z——绝对编程时，有效螺纹终点在工件坐标系中的位置；

U，W——增量编程时，有效螺纹终点相对于切削起点的增量；

i——螺纹部分半径差（$i = 0$ 时为直螺纹）；

k——螺纹牙型高度，用半径值指令 X 轴方向的距离；

Δd——第一次的切入量，用半径值指定；

F——螺纹导程。

① G76 编程时的切削深度分配方式为递减式，其切削由单刃加工，因而切削深度由系统计算给出。且编程时，P、Q 的值不能使用小数点。

② G76 为斜进式切削方法。由于为单侧刃加工，刀具刃口容易磨损，使加工的螺纹面不直，刀尖角易发生变化，从而造成牙型精度差。但其加工时产生的切削抗力小，刀具负载也小，排屑容易，并且切削深度为递减式，因此该加工方法一般适用于大螺距螺纹的切削。

③ 加工梯形螺纹时，宜采用单独的程序段，以便于修改 Z 向刀具偏置后重新进行加工。

④ 如图 4-14 所示，梯形螺纹在数控编程中一般使用刀

图 4-14 梯形螺纹刀位点 位点 A，其对刀方法类似于切槽刀的对刀。

4.2.2 Z 向刀具偏置值的计算

在螺纹车削（尤其大螺距螺纹和梯形螺纹）的实际加工过程中，由于螺纹车刀刀尖宽度并不等于槽底宽，在经过一次 G76 循环后，仍无法正确控制螺纹中径等各项尺寸。因此，为解决这一问题，可将刀具向 Z 向偏置，然后再进行 G76 循环加工，并最好只进行一次偏置加工。

Z 向偏置量的计算方法如图 4-15 所示，其计算过程如下：

设 $M_{实测} - M_{理论} = 2AO_1 = \delta$，则 $AO_1 = \delta/2$。

在平行四边形 O_1O_2CE 中，则有 $\triangle AO_1O_2 \cong \triangle BCE$，$AO_2 = EB$；$\triangle CEF$ 为等腰三角形，则 $EF = 2EB = 2AO_2$。

$AO_2 = AO_1 \tan < AO_1O_2 = \tan 15° \times (\delta/2)$，得 Z 向偏置量 $EF = 2AO_2 = \delta \tan 15° = 0.268\delta$。

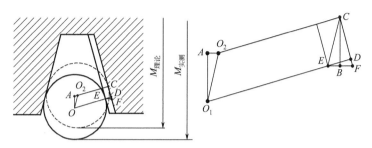

图 4-15　Z 向刀具偏置值的计算

实际加工时，在一次循环结束后，用三针法测量实测 M 值。计算出刀具 Z 向偏置量，然后在刀长补偿或磨耗存储器中设置 Z 向刀偏置量，再次用 G76 循环加工就能一次性精确控制中径等螺纹参数值。

4.2.3　加工编程实战

梯形螺纹加工图样及工件外形如图 4-16 所示。

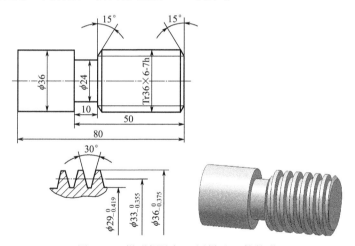

图 4-16　梯形螺纹加工图样及工件外形

工件毛坯为 $\phi40\text{mm}$ 棒料，根据图样加工要求，选用 93° 机夹外圆车刀、刀头宽为 5mm 的切槽刀与 30° 梯形螺纹车刀，并分别安装在 1、2 和 3 号刀位上。其坐标原点选为零件右端面与轴线的交点（为保证车削安全，可采用后顶尖支撑，即一夹一顶的装夹方式），采用固定点换刀方式。工件加工程序见表4-6。

表 4-6　梯形螺纹加工程序

程　序	说　明
O4006；	主程序名
G99T0101M03S800；	用 G 指令建立工件坐标系，主轴以 800r/min 正转
G00X42.Z2.；	快速定位起刀点（准备车端面）
G94X−1.Z0.F0.1；	车端面
G00X37.；	
G01Z−80.F0.2；	粗车螺纹大径
X42.；	
G00Z2.；	
X29.；	
Z0.；	
G01X36.Z−0.94F0.1；	倒角
Z−80.；	精车螺纹大径
X42.；	
G00X100.；	
Z100.；	
T0202S400；	换 2 号刀，主轴以 400r/min 转动
G00X40.Z−50.；	
G01X24.F0.12；	
X40.F0.3；	
W5.94；	
X36.；	
X29.W−0.94.F0.12；	切槽并倒角
X24.；	
W−5.；	
X40.F0.3；	
G00X100.Z100.；	
T0303；	换 3 号刀
G00X38.Z3.；	
G76P010030Q100R0.02；	G76 车螺纹
G76X29.Z−45.R0.P3500Q1000F6.0；	
G00X100.Z100.；	至换刀点位置
M05；	主轴停
M30；	主程序结束并返回

4-6　梯形螺纹的加工

4.3 螺纹综合零件的加工编程

4.3.1 外螺纹综合件一的加工编程

外螺纹综合件一的加工图样及外形如图 4-17 所示。

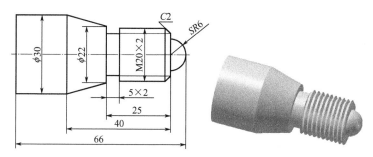

图 4-17 外螺纹综合件一加工图样及外形

工件毛坯为 $\phi32mm$ 棒料，根据加工内容刀具选择为 85°机夹外圆车刀，刀头宽为 5mm 的切槽刀和 60°螺纹车刀，并分别安装在 1、2、3 号刀位上。其坐标原点选为零件右端面与轴线的交点，并采用固定点换刀方式。为进行比较，综合件一的螺纹加工程序用 G32、G92、G76 三种指令编写。具体加工程序见表 4-7～表 4-9。

表 4-7 外螺纹综合件一的加工程序 （由 G32 指令编写）

O4007；	程序名
G99T0101M03S800；	用 G 指令建立坐标系,主轴以 800r/min 正转
G00X34.Z2.；	
G94X－1.Z2.F0.1；	
G71U1.5R0.5；	
G71P25Q80U0.5W0.25F0.2；	
N25G00X0.；	
Z0.；	
G03X12.Z－6.R6.F0.1；	
G01X16.；	
X20.W－1.；	G71 循环粗车各轮廓
W－24.；	
X22.；	
X30.W－15.；	
W－22.；	
N80G01X34.；	

G70P25Q80；	
G00X100.Z100.；	
T0202S500；	换2号刀
G00X30.；	
Z—31.；	
G01X16.F0.1；	切槽
X32.；	
G00Z100.Z100.；	
T0303；	换3号刀
G00X23.；	
Z—4.；	
X19.；	
G32Z—29.F2.；	第一次车螺纹
G01X23.；	
G00Z—4.；	
X18.5；	
G32Z—29.F2.；	第二次车螺纹
G01X23.；	
G00Z—4.；	
X18.3；	
G32Z—29.F2.；	第三次车螺纹
G01X23.；	
G00Z—4.；	
X18.；	
G32Z—29.F2.；	第四次车螺纹
G01X23.；	
G00Z—4.；	
X17.835；	
G32Z—29.F2.；	第五次车螺纹
G01X23.；	
G00X100.Z100.；	
T0303；	换3号刀

G00X34. Z−71. ;	
G01X0. F0.1 ;	切断
G00X100. Z100. ;	
M05 ;	
M30 ;	

表 4-8　外螺纹综合件一的加工程序（由 G92 指令编写）

O4071 ;	程序名	
...		
G00X23. ; 　Z−4. ;	快速定位	
G92X19. Z−29. F2. ; 　X18.5 ; 　X18.3 ; 　X18. ; 　X17.835 ;	G92 车螺纹	 4-7 外螺纹综合工件一的加工
G00X100. Z100. ;		
...		

表 4-9　外螺纹综合件一的加工程序（由 G76 指令编写）

O4072 ;	程序名
...	
G00X23. ; Z−4. ;	快速定位
G76P010060Q100 R0.02 ;	G76 车螺纹
G76X17. 835Z−29. R0. P1083 Q1000 F2. ;	
G00X100. Z100. ;	
...	

4.3.2　外螺纹综合件二的加工编程

外螺纹综合件二的加工图样及外形如图 4-18 所示。

工件毛坯为 $\phi 80$mm 棒料，根据加工内容刀具选择为 $85°$机夹外圆车刀，刀头宽为 5mm 的切槽刀和 $60°$外螺纹车刀，并分别安装在 1、2、3 号刀位上。其坐标原点选为零件右端面与轴线的交点，并采用固定点换刀方式。加工程序见表 4-10。

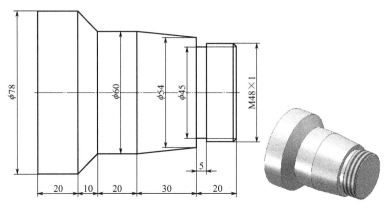

图 4-18　外螺纹综合件二的加工图样及外形

表 4-10　外螺纹综合件二的加工程序

程　　　序	说　　　明
O4008；	主程序名
G99M03S800T0101；	用 G 指令建立工件坐标系，主轴以 800r/min 正转
G00X82.Z2.；	快速定位起刀点(准备车端面)
G94X−1.Z0.F0.1；	车端面
G71U1.5.R1.；	
G71P5Q8U0.5W0.1F0.2；	
N5G00X42.；	
Z0.；	
G01X48.Z−1.F0.1；	
Z−20.；	G71 车外形轮廓
X54.；	
X60.W−30.；	
W−20.；	
X78.W−10.；	
W−20.；	
N8G01X82.；	
G70P5Q8；	
G00X100.Z100.；	
T0202S400；	换 2 号刀，主轴以 400r/min 转动
G00X55.；	
Z−20.；	
G01X45.；	切槽
X55.；	

程 序	说 明	
G00X100.Z100.;		
T0303;	换 3 号刀	
G00X50.Z3.;		
G92X47.5Z−17.F1.;		
X47.2;	G92 车螺纹	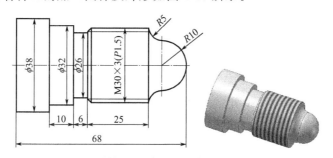
X47.;		
X46.9175;		
G00X100.Z100.;	至换刀点位置	
M05;	主轴停	
M30;	主程序结束并返回	

4-8 外螺纹综合工件二的加工

4.3.3 外螺纹综合件三的加工编程

外螺纹综合件三的加工图样及外形如图 4-19 所示。

图 4-18 外螺纹综合件三的加工图样及外形

工件毛坯为 φ40mm 棒料，根据加工要求，刀具选择为 35°机夹外圆尖车刀，刀头宽为 6mm 的切槽刀和 60°外螺纹车刀，并分别安装在 1、2、3 号刀位上。其坐标原点选为零件右端面与轴线的交点，并采用固定点换刀方式。加工程序见表 4-11。

表 4-11 外螺纹综合件三的加工程序

程 序	说 明
O4009;	主程序名
G99M03S800T0101;	用 G 指令建立工件坐标系,主轴以 800r/min 正转
G00X42.Z2.;	快速定位起刀点(准备车端面)
G94X−1.Z0.F0.1;	车端面
G71U1.5.R1.;	
G71P12Q26U0.5W0.1F0.2;	G71 车外形轮廓
N12G00X0.;	

续表

程　序	说　明
Z0.；	
G03X20.Z−10.R10.F0.1；	
G02X30.W−5.R5.；	
G01W−31.；	
X32.；	G71 车外形轮廓
W−10.；	
X38.；	
W−12.；	
N26G01X42.；	
G70P5Q8；	
G00X100.Z100.；	
T0202S400；	换 2 号刀，主轴以 400r/min 转动
G00X35.；	
Z−46.；	
G01X26.；	切槽
X35.；	
G00X100.Z100.；	
T0303；	换 3 号刀
G00X33.Z−11.；	
G92X29.2Z−50.F3.；	
X28.7；	
X28.4；	G92 车第一条螺纹
X28.15；	
X28.05；	
G01Z−12.5；	借刀定位
G92X29.2Z−50.F3.；	
X28.7；	
X28.4；	G92 车第二条螺纹
X28.15；	
X28.05；	
G00 X100.Z100.；	至换刀点位置
M05；	主轴停
M30；	主程序结束并返回

4-9　外螺纹综合工
件三的加工

4.3.4 内螺纹综合件一的加工编程

内螺纹综合件一的加工图样及工件外形如图 4-20 所示。

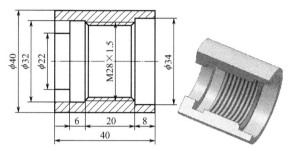

图 4-20 内螺纹综合件一的加工图样及外形

工件毛坯为 $\phi40\text{mm}\times40\text{mm}$，根据加工要求，刀具选用 93°内孔车刀和 60°内螺纹车刀以及刀宽为 6mm 的内沟槽刀，并分别安装在 1、2 和 3 号刀位上（麻花钻安装在尾座上，不参与编程，先手动钻出 $\phi20\text{mm}$ 底孔）。其坐标原点选为零件右端面与轴线的交点，并采用固定点换刀方式。加工程序见表 4-12。

表 4-12 内螺纹综合件一加工程序

程 序	说 明
O4010；	主程序名
G99T0101M03S800；	用 G 指令建立工件坐标系，主轴以 800r/min 正转
G00X20.Z2.；	快速定位起刀点
G71U1.R0.5；	
G71P3Q7U0.5W0.1F0.15；	
N3G00X34.；	
G01Z−8.F0.1；	
X28.；	G71 车内形轮廓
W−26.；	
X22.；	
W−8.；	
N7G01X20.；	
G70P5Q7；	
G00X100.Z100.；	
T0202S400；	换 2 号刀
G00X21.Z3.；	
Z−34.；	
G01X32.；	切槽

续表

程　　序	说　　明
X21.；	
G00Z100.；	
X100.	
T0303S400；	换3号刀
G00X30.Z－5.；	
G92X27.Z－50.F3.；	
X27.4；	
X27.7；	G92 车螺纹
X27.9；	
X28.；	
G00Z100.；	至换刀点位置
X100.；	
M05；	主轴停
M30；	主程序结束并返回

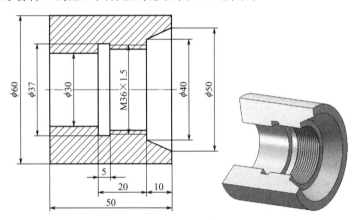

4-10　内螺纹综合工件一的加工

4.3.5　内螺纹综合件二的加工编程

内螺纹综合件二的加工图样及外形如图 4-21 所示。

图 4-21　内螺纹综合件二的加工图样及外形

工件毛坯为 $\phi 40\,\mathrm{mm} \times 50\,\mathrm{mm}$，根据加工要求，刀具选用 93°内孔车刀和 60°内螺纹车刀以及刀宽为 5mm 的内沟槽刀，并分别安装在 1、2 和 3 号刀位上（麻花钻安装在尾座上，不参与编程，先手动钻出 $\phi 25\,\mathrm{mm}$ 底孔）。坐标原点选为零件右端面与轴线的交点，并采用固定点换刀方式。加工程序见表 4-13。

表 4-13 内螺纹综合件二的加工程序

O4011；	主程序名	
G99T0101M03S450；	用 G 指令建立坐标系,主轴以 450r/min 正转	
G00X25.Z2.；	快速点定位	
G71U1.R1.；		
G71P10Q30U0.5W0.2F0.2；		
N10G00X50；		
Z0；		
G01X40.Z−10.F0.1；	循环车内形轮廓表面	
X34.5；		
Z−20.；		
X30.；		
N30G01Z−50.；		
X25.；		
G00Z100；	返回换刀点	
X100.；		
T0202；		
G00X28.Z2；		
Z−30.；		
G01X37.F0.05；	切内沟槽	
X28.；		
G00Z2.		
G00X100.Z100.；		
T0303S400；		
G00X28.Z3.；		
G92X35.Z−17.F1.5；		
X35.5；	车螺纹	
X35.8；		
X36.；		
G00X100.Z100.；		
M05；	主轴停	4-11 内螺纹综合工件二的加工
M30；	主程序结束并返回	

4.3.6 内螺纹综合件三的加工编程

内螺纹综合件三的加工图样及外形如图 4-22 所示。

工件毛坯为 $\phi62$mm 棒料,根据加工要求,刀具选择 35°机夹外圆尖车刀、93°

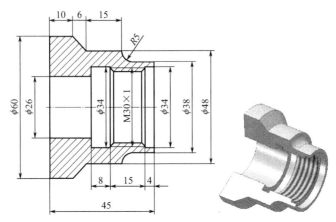

图 4-22　内螺纹综合件三的加工图样及外形

内孔车刀和 60°内螺纹车刀以及刀宽为 5mm 的内沟槽刀，并分别安装在 1、2、3 和 4 号刀位上，（麻花钻安装在尾座上，不参与编程，先手动钻出 $\phi22mm$ 底孔）。坐标原点选为零件右端面与轴线的交点，并采用固定点换刀方式。加工程序见表 4-14。

表 4-14　内螺纹综合件三的加工程序

O4012；	主程序名
G99T0101M03S750；	用 G 指令建立坐标系,主轴以 750r/min 正转
G00X65.Z2.；	快速点定位
G94X22.Z0.F0.1；	车端面
G71U1.5R1.；	G71 循环车内形轮廓表面
G71P1Q6U0.5W0.1F0.2；	
N1G00X38.；	
G01Z－9.F0.12；	
G02X48.W－5.R5.；	
G01W－15.；	
X60.W－6.；	
W－10.；	
N3G01X65.；	
G70P1Q6；	
T0202S450；	
G00X22.Z3.；	
G71U1.R1.；	G71 循环车内形轮廓表面
G71P20Q40U0.5W0.2F0.2；	

程序	说明
N20G00X34.;	
G01Z−4.F0.1;	
X29.;	
W−23.;	G71循环车内形轮廓表面
X26.;	
N30G01Z−45.;	
X22.;	
G00Z100.;	返回换刀点
X100.;	
T0303S400;	
G00X22.Z3;	
Z−24.;	
G01X34.F0.05;	切内沟槽
X22.;	
Z−27.;	
X34.;	
Z−24.;	
X22.;	
G00Z100.;	
X100.;	
T0404;	
G00X25.;	
Z0.;	
G92X29.4.Z−23.F1.;	车螺纹
X29.7;	
X29.9;	
X30.;	
G00X100.Z100.;	
M05;	主轴停
M30;	主程序结束并返回

4-12 内螺纹综合工件三的加工

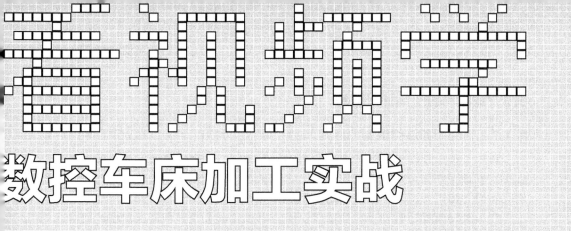

看视频学

数控车床加工实战

chapter **5**

第5章 / 复杂工件的加工编程

5.1 子程序的应用加工编程

5.1.1 加工相关编程指令

机床的加工程序可以分为主程序和子程序两种。主程序是一个完整的零件加工程序，或是零件加工程序的主体部分。它与被加工零件或加工要求对应，不同的零件或不同的加工要求，都有唯一的主程序。

在编制加工程序时，有时会要求一组程序段在一个程序中多次出现，或者在几个程序中都要使用它。这个典型的加工程序可以做成固定程序，并单独加以命名，这组程序段就称为子程序。

子程序一般不能作为独立的加工程序使用，它只能通过主程序进行调用，实现加工中的局部动作。子程序执行结束后，能自动返回到调用它的主程序中。

为了进一步简化加工程序，可以允许其子程序再调用另一个子程序，这一功能称为子程序的嵌套，如图 5-1 所示。

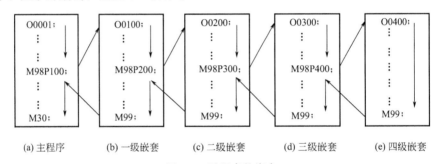

图 5-1 子程序的嵌套

（1）子程序的调用

在大多数数控系统中，子程序与主程序并无本质区别。子程序和主程序在程序号与程序内容方面基本相同，仅结束标记不同。主程序用 M02 或 M30 表示其结束，而子程序在 FANUC 系统中则用 M99 表示结束，并实现自动返回主程序功能。

子程序的调用可通过辅助功能指令 M98 进行，同时在调用格式中将子程序的程序号地址改为 P，其常用的子程序调用格式有以下两种。

格式一：

M98P××××L××××；

其中，地址符 P 后面的四位数为子程序号，地址 L 后面的数字表示重复子程序的次数，子程序号与调用次数前的 0 可省略不写。如果子程序只调用一次，则地址 L 与其后的数字均可省略。

格式二：

M98P××××××××；

地址 P 后面八位数字中，前四位表示调用次数，后四位表示子程序号，采用这种格式时，调用次数前的 0 可省略不写，但子程序号前的 0 不可省略。在同一数控系统中，子程序的两种格式不能混合使用。

（2）子程序调用的特殊用法

① 子程序返回到主程序中的某一程序段。如果在子程序的返回指令中加上 Pn 指令，则子程序将返回到主程序中段号为 n 的那个程序段，而不直接返回到主程序。

② 自动返回到程序开始段。如果在主程序中执行 M99，则程序将返回到主程序的开始程序段并继续执行主程序。也可以在主程序中插入 M99Pn，用于返回到指定的程序段。为了能够执行后面的程序，通常在该指令前加"/"，以便在不需要返回执行时，跳过该程序段。

③ 强制改变子程序重复执行的次数。用 M99L××指令可强制改变子程序重复执行的次数，其中 L×× 表示子程序调用的次数。

5.1.2 加工编程实战

（1）子程序切槽应用加工编程

子程序切槽应用加工图样及工件外形如图 5-2 所示。

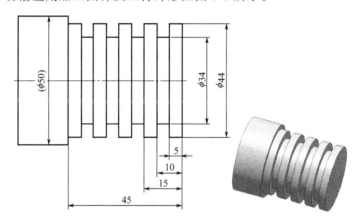

图 5-2　子程序切槽应用加工图样及工件外形

工件毛坯为 ϕ50mm 棒料，根据图样加工要求，选用 93°机夹外圆车刀和刀宽为 5mm 的切槽刀，并分别安装在 1、2 号刀位上。工件坐标原点选为右端面与轴线的交点，采用固定点换刀方式。工件加工程序见表 5-1。

表 5-1　子程序切槽应用加工程序

程　　序	说　　明
O5001；	主程序名
G99T0101M03S800；	建立工件坐标系，主轴以 800r/min 正转
G00X52.Z2.；	
G94X−1F0.1；	车端面
G90X46.Z−45.F0.15；	车外圆

续表

程　序	说　明
X44.；	
G00 X100. Z100.；	
T0202 S400；	用 2 号刀,主轴以 400r/min 正转
G00X45.；	
Z0.；	
M98P00045101；	调用子程序 O5101,共计 4 次
G00X100. Z100.；	
M05；	
M30；	

程序	说明	
O5101；	子程序名	
G01W-10.；		
G01X34.F0.1；		
X45.；		
M99；	子程序结束并回到主程序	5-1 子程序切槽应用的加工

(2) 子程序球面应用加工编程

子程序球面应用的加工图样及工件外形如图 5-3 所示。

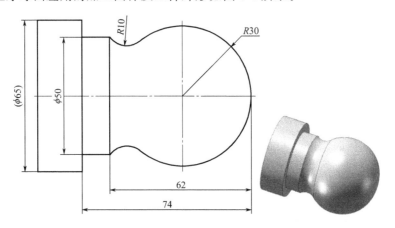

图 5-3　子程序球面应用的加工图样及工件外形

工件毛坯为 $\phi65$mm 棒料,根据图样加工要求,选用 35°机夹外圆尖车刀,安装在 1 号刀位上。工件坐标原点选为右端面与轴线的交点,采用固定点换刀方式。工件加工程序见表 5-2。

表 5-2　子程序球面应用加工程序

程　序	说　明
O5002；	主程序名
G99T0101M03S600；	用 G 指令建立工件坐标系,主轴以 600r/min 正转
G00X67. Z2.；	
G01X－0.5 F0.12；	车端面
Z2.；	返回对刀点
G00X67.；	
M98P00115202；	调用子程序 O5202,共计 11 次
G00X100. Z100.；	
M05；	主轴停
M30；	主程序结束并返回
O5202；	子程序名
G01U－4.；	
Z0.；	
G03U48. Z－48. R30. F0.1；	车 R30 圆弧
G0U2. Z－62. R10.；	车 R10 圆弧
G01Z－74.；	车 ϕ50mm 外圆
U14.；	
G00Z2.；	
G01U－66.；	
M99；	子程序结束并回到主程序

5-2　子程序球面应用的加工

5.2　特殊型面的加工编程

5.2.1　加工相关编程指令

FANUC 数控系统的宏程序分为 A、B 两类（一般情况下较老的系统采用 A 类宏程序,如 FANUC 0TD。而在较为先进的系统中,如 FANUC 0i 系统中则采用 B 类宏程序）。

（1）宏变量

FANUC 0i 数控系统宏变量见表 5-3。

表 5-3　FANUC 0i 数控系统宏变量

变量号	变量类型	功能说明
# 0	空变量	该变量总是空,没有值能赋给该变量
# 1～# 33	局部变量	局部变量只能用来在程序中存储数据(如运算结果)。当断电时,局部变量被初始化为空。调用宏程序时,自变量对局部变量赋值
# 100～# 199 # 500～# 999	公共变量	公共变量在不同的宏程序中通用。当断电时,变量 # 100～# 199 初始化为空,变量 # 500～# 999 的数据保存,即使断电也不丢失
# 1000 以上	系统变量	系统变量用于读和写 CNC 运行时的各种数据,例如刀具的当前位置和补偿

局部变量和公共变量的取值范围在 -10^{47} ～10^{47} 之间,如果计算结果超出有效范围,则发出 P/S 报警 No.111。为在程序中使用变量值,将跟随在地址符后的数值用变量来代替,这一过程称为引用变量。

如当定义变量 # 100＝30.0、# 101＝－50.0; # 102＝80 时,要表示程序段 G01 X30.0 Z－50.0 F80 时,即可引用变量表示为 G01X # 100 Z # 101 F # 102。

变量也可用表达式指定,此时要把表达式放在括号里,如:G01X [# 1＋# 2] F # 3;变量被引用时,其值根据地址的最小单位自动地舍入。当变量值未定义时,这样的变量称为空变量(如 # 2 未定义,用 # 2＝＜空＞表示),当引用未定义的变量时,变量及地址字都可被忽略。如当变量 # 1＝0, # 2＝＜空＞,即 # 2 的值是空时,G00X # 1 Z # 2 的执行结果为 G00 X0。变量 # 0 为总空变量,它不能写,只能读。

(2) 算术与逻辑运算

表 5-4 中所列出的运算可以在变量中执行,运算符号右边的表达式可包含常量和(或)由函数或运算符组成的变量。表达式中的变量 # j 和 # k 可以用常数赋值。左边的变量也可以用表达式赋值。

表 5-4　算术与逻辑运算

功　能	格　式	备　注
定义	# i＝# j	
加法 减法 乘法 除法	# i＝# j＋# k # i＝# j－# k # i＝# j＊# k # i＝# j/# k	
正弦 反正弦 余弦 反余弦 正切 反正切	# i＝SIN[# j] # i＝ASIN[# j] # i＝COS[# j] # i＝ACOS[# j] # i＝TAN[# j] # i＝ATAN[# j]/[# k]	角度以度指定。90°30′表示为 90.5°

功　能	格　式	备　注
平方根	# i＝SQRT[# j]	
绝对值	# i＝ABS[# j]	
舍入	# i＝ROUND[# j]	
上取整	# i＝FIX[# j]	
下取整	# i＝FUP[# j]	
自然对数	# i＝LN[# j]	
指数函数	# i＝EXP[# j]	
或 异或 与	# i＝ # j　　OR # k # i＝ # j　　XOR # k # i＝ # j　　AND # k	逻辑运算一位一位地按二进制数执行
从 BCD 转为 BIN 从 BIN 转为 BCD	# i＝BIN[# j] # i＝BCD[# j]	用于与 PMC 的信号交换

注：1. 三角函数中 # j 的值超范围时，发出 P/S 报警 No.111；# i 的取值范围根据不同的机床设置参数有所不同。

2. 运算符运算的先后顺序为：函数→乘和除运算（＊、/、AND、MOD）→加和减运算（＋、－、OR、XOR）。

3. 括号用于改变运算顺序。括号可以使用 5 级，包括函数内部使用的括号。当超过 5 级时，出现 P/S 报警 No.118。

（3）宏程序语句

宏程序语句也叫宏指令，它是指包含算术或逻辑运算（＝）、控制语句（如 GO、TO、DO、END）、宏程序调用指令（如 G65、G67 或其他 G 代码、M 代码调用宏程序）的程序段。除了宏程序语句以外的任何程序段都为 NC 语句。

宏程序语句中，在单程序段运行方式时，机床也不停止，但当参数 N0.6000 ♯ 5SBM 设定为 1 时，在单程序段运行方式时，机床停止。与 NC 语句不同，在刀具半径补偿方式中宏程序语段不作为移动程序段处理。

在一般的加工程序中，程序按其在存储器内的先后顺序依次执行，使用转移和循环语句可以改变、控制程序的执行顺序。有三种转移和循环操作可供使用。

① GOTO 语句。GOTO 语句也称无条件转移，其格式为：

GOTO n；

n——程序段顺序号（1～99999）。

它的作用是转移到标有顺序号 n 的程序段。当指定 1～99999 以外的顺序号时，出现 P/S 报警 No.128。顺序号也可用表达式指定。

② IF 语句。IF 语句也称条件转移，其格式如下。

格式一：

$$IF[（条件表达式）]　　GOTO n；$$

它的作用是如果指定的条件表达式成立时，转移到标有顺序号 n 的程序段。如果指定条件表达不成立，则执行下个程序段。

如：

N2 G00 X10.0

...

IF［# 1 GT 10］GOTO2；（如果变量 # 1 的值大于 10，转移到顺序号 2 的程序段）

N XXX

...

（如果变量 # 1 的值不大于 10，转移到顺序号为×××的程序段）

格式二：

IF［（条件表达式）］　　THEN；

它的作用是如果条件表达式成立，则执行 THEN 后的宏程序语句，且只执行一个宏程序语句。

如：

IF［# 1 EQ1 # 2］THEN # 3＝0；（如果 # 1 和 # 2 的值相同，0 赋给 # 3）

上述条件表达式中必须包含运算符且用括号"［ ］"封闭。

条件表达式中的变量可以用表达式替代。未定义的变量，在使用 EQ 或 NE 的条件表达式中，＜空＞和零有不同的效果，在其他形式条件表达式中，＜空＞被当作零。

③ WHILE 语句。WHILE 语句也叫循环语句。其格式为：

WHILE［条件表达式］　　DO m；（$m=1$、2、3）

...

END m；

m——标号，标明嵌套的层次，即 WHILE 语句最多可嵌套 3 层。若用 1、2、3 以外的值则会产生 P/S 报警 No. 126。

WHILE 语句的作用是当指定的条件满足时，执行 WHILE 从 DO 到 END 之间的程序，否则转到 END 后的程序段。

(4) 宏程序调用

调用宏程序语句的子程序称为宏程序的调用。调用宏程序的方法一般有非模态调用（G65）、模态调用（G66、G67）、用 G 代码、M 代码等几种方法。

① G65 非模态调用。其格式为：

G65　P××××　L××××　自变量地址

式中 P 指定用户宏程序的程序号，地址 L 指定从 1～9999 的重复次数。省略 L 值时，默认 L 等于 1。

G65 调用用户宏程序时，自变量地址指定的数据能传递到用户宏程序体中，被赋值给相应的局部变量。自变量地址与变量号的对应关系见表 5-5。不需要指定的地址可以省略，对于省略地址的局部变量设为空（除 I、J 和 K 需要按字母顺序指定外），地址一般不需要按字母顺序指定，但应符合字地址的格式。

表 5-5 自变量地址与变量号的对应关系

地址	变量号	地址	变量号	地址	变量号
A	# 1	I	# 4	T	# 20
B	# 2	J	# 5	U	# 21
C	# 3	K	# 6	V	# 22
D	# 7	M	# 13	W	# 23
E	# 8	Q	# 17	X	# 24
F	# 9	R	# 18	Y	# 25
H	# 11	S	# 19	Z	# 26

说明：G65 宏程序调用和 M98 子程序调用是有差别的。G65 可指定自变量，而 M98 没有此功能；当 M98 程序段包含另一个 NC 指令时，在执行之后调用子程序，而 G65 无条件地调用宏程序，在单程序段方式下，机床停止；G65 可改变局部变量的级别，而 M98 不能改变局部变量级别。

② G66 模态调用。指定 G66 后，在每个沿轴移动的程序段后调用宏程序。G67 取消模态调用。其格式为：

G66　P××××　L××××　自变量地址

式中 P 指定模态调用的程序号，地址 L 指定从 1～9999 的重复次数。省略 L 为 1。与 G65 非模态调用一样，自变量指定的数据传递到宏程序体中。指定 G67 代码时，其后面的程序不再执行模态宏程序调用。注意，在 G66 程序段中，不能调用多个宏程序。

③ 用 G 代码调用宏程序。FANUC 0i 系统允许用户自定义 G 代码，它通过设置参数（No. 6050～No. 6059）中相应的 G 代码（从 1～9999）来调用对应的用户宏程序（O9010～O9019）实现，调用用户宏程序的方法与 G65 相同。参数号与程序号之间的对应关系见表 5-6。

表 5-6 参数号与程序号之间的对应关系

程序号	参数号	程序号	参数号
O9010	6050	O9015	6055
O9011	6051	O9016	6056
O9012	6052	O9017	6057
O9013	6053	O9018	6058
O9014	6054	O9019	6059

注意：修改上述参数时应先在 MDI 方式下修改参数的写入属性为"1"，如果参数的写入属性为"0"，则无法修改 # 6050 参数。

5.2.2 特殊型面的加工方法

(1) 椭圆面的加工

椭圆关于中心、坐标轴都是对称的，坐标轴是对称轴，原点是对称中心。对称中心对称为椭圆中心。椭圆和 X、Y 轴都有两个交点，这四个交点称为椭圆的顶点。

椭圆标准方程为：

$$\frac{X^2}{a^2} + \frac{Y^2}{b^2} = 1 \quad (a > b > 0)$$

式中　a——椭圆长半轴；

　　　b——椭圆短半轴。

椭圆参数方程为：

$$X = a\cos MY = b\sin M \quad (a > b > 0)$$

式中　M——夹角（椭圆上任意一点到椭圆中心连线与 X 正半轴所成的夹角，顺时针为负，逆时针为正）。

① 椭圆的加工方法。用标准方程车削椭圆，通常是加工椭圆 X 正方向部分，设 Z 为自变量，通过方程把 X 表达出来，最多就是车削到 180°椭圆，然后 G01 插补拟合成椭圆。

通过椭圆标准方程 $\frac{Z^2}{a^2} + \frac{X^2}{b^2} = 1$，可推导出 X 的表达式为：

$$X^2 = \frac{b^2}{a^2}(a^2 - Z^2)$$

$$X = \frac{b}{a}\text{SQRT}[a^2 - Z^2]$$

转换为数控格式如下：

$$X = \frac{2b}{a}\text{SQRT}[a^2 - Z^2]$$

式中　a——椭圆长半轴；

　　　$2b$——椭圆短轴（直径编程）常数表示。

当 Z 为自变量 #1，则 X 为因变量 #2，根据上述公式则有：

$$\#2 = \frac{2b}{a}\text{SQRT}[a*a - \#1*\#1]$$

② 椭圆加工路径。椭圆精加工是将椭圆分割成若干等份，每等份用直线或圆弧插补逼近曲线，每等份直线长度（步距）一般为 0.05～0.2mm。粗加工时由于椭圆各部分的余量不等，需采用相应的方法去除，见表 5-7。

表 5-7　椭圆粗车方法

加工方法	说　　明	图　　示
车圆锥法	与车凸圆弧表面加工路径相同，路径较短，但坐标计算困难	

加工方法	说　明	图　　示
放大法	将椭圆长轴半径、短轴半径放大作为每次粗车路径,一层层车削。编程简单,加工时空刀路线长	粗车路径
偏移法	将椭圆沿＋X 方向移动一定距离作为粗车路径,其加工时空刀路线短,但加工余量不均匀	粗车路径

（2）抛物线型面的加工

抛物线是关于 X 坐标轴对称的。抛物线和 X 轴有一个交点，这个交点称为抛物线的顶点。

抛物线标准方程（右开口）为：

$$Y^2 = 2PX$$

式中　P——焦准距（常数）。

根据抛物线标准方程可推出车床标准方程为（车床坐标系 X 为原 Y 轴方向，Z 为原 X 轴方向）：

$$X^2 = 2PZ$$

从而可得出抛物线参数方程为：

$$Z = 2P * T$$

通过标准方程推导出 X 的表达式为：

$$X = 2 * \mathrm{SQRT} [2P * Z]$$

（3）正弦曲线型面的加工

正弦曲线关于中心、坐标轴都是对称轴，坐标轴是对称轴，原点是对称中心。对称中心称为正弦曲线中心。

正弦曲线标准方程为：

$$Y = A\sin(TX)$$

根据正弦曲线标准方程，可得车床标准方程为：

$$X = A\sin(TZ)$$

式中　A——振幅；

　　　T——周期。

转换为数控格式如下：

$$X = A * SIN(T * Z) \quad (A\ 用直径表示)$$

设 Z 为自变量 #1，则有 X 为因变量 #2，根据上述公式则有：

$$\#2 = A * SIN(T * \#1)$$

正弦曲线曲面精车路径与椭圆一样，沿轮廓加工，加工中将其分割为若干等份，每等份用直线或圆弧插补逼近。粗加工各处余量不等，需采用相应方法去除，见表 5-8。

表 5-8 正弦曲线曲面加工路径

方 法	说 明	图 示
偏移法	将曲线曲面沿 +X 方向偏移一定距离或用坐标轴偏移指令将工件坐标系沿 +X 方向偏移一定距离，作为每次粗车路径	粗车路径
放大法	将正弦曲线依次放大径向尺寸作为每次粗车路径	粗车路径

5.2.3 加工编程实战

(1) 椭圆面的加工编程

椭圆面的加工图样及工件外形如图 5-4 所示。

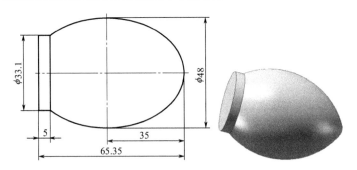

图 5-4 椭圆面的加工图样及工件外形

工件毛坯为 $\phi50mm \times 100mm$。根据加工要求，选择刀尖角为 35° 机夹车刀，并安装在 1 号刀位上，其坐标原点选为椭圆中心交点。采用固定点换刀方式。加工程序见表 5-9。

表 5-9 椭圆面的加工程序

O5003；	主程序名
G99T0101S800M03；	用 G 指令建立坐标系
G00X100．Z100．；	
X52．Z37．；	快速定位
G94X0．Z35．F0.2；	车端面
♯105＝45；	给变量赋值
WHILE［♯105GE0］DO1；	条件判断语句
N10M98P5301；	调用子程序
♯105＝♯105－5；	插补运算
END1；	插补结束
G00X100．Z100．；	
M30；	主程序结束并返回
O5301；	
♯1＝35；	子程序
G01Z［♯1＋1］；	
N20♯4＝［24＊SQRT［1－♯1＊♯1/ 1225］］；	
G01Z♯1；	
X［♯4＊2＋♯105］；	
♯1＝♯1－0.1；	
IF［♯1GE－20］GOTO20；	
G01Z－25.35；	
X54．；	
G00Z2．；	
M99；	子程序结束并返回主程序

5-3 椭圆面的加工

（2）正弦曲线面的加工编程

正弦曲线面的加工图样及工件外形如图 5-5 所示。

工件毛坯为 $\phi40$mm 棒料。根据加工要求，选择刀尖角为 35°机夹车刀，并安装在 1号刀位上，其坐标原点选为零件右端面与轴线的交点。采用固定点换刀方式。加工程序见表 5-10。

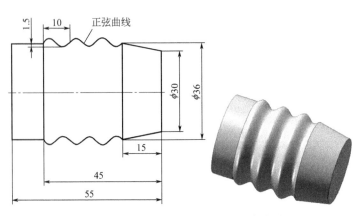

图 5-5　正弦曲线面的加工图样及工件外形

表 5-10　正弦曲线面的加工程序

程　　序	说　　明	
O5004；	主程序名	
G99T0101M03S600；	用 G 指令建立坐标系	
G00X100. Z100. ；		
X41. Z1. ；	快速定位	
N1G00X30. ；		
G01Z0. F0. 15；		
#1＝0；		
N2#2＝[10 * #1/360]；		
#3＝[36－3 * SIN[#1]]；	宏程序车正弦曲线	
#4＝#2＋20；		
G01X[#3]Z[－#4]；		
#1＝#1＋1；		
IF[#1LE1080]GOTO2；	插补结束	
N3G01W－10. F0. 1；		
X51. ；		
G00 X100. Z100. ；	至换刀点位置	
M30；	主程序结束并返回	

5-4　正弦曲线的加工

5.3　复杂综合工件的加工编程

5.3.1　复杂工件一的加工编程

复杂工件一的加工图样及外形如图 5-6 所示。

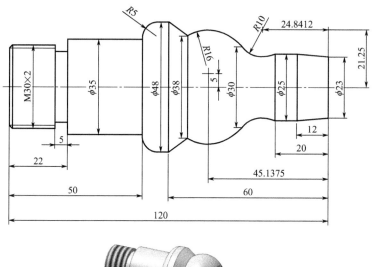

图 5-6　复杂工件一的加工图样及外形

　　工件毛坯为 ϕ50mm×122mm。根据加工要求，选择 35°机夹外圆尖车刀、刀宽为 5mm 的切槽刀和 60°外螺车刀，并安装在 1、2 和 3 号刀位上，其坐标原点选为零件右端面与轴线的交点。采用固定点换刀方式。其左侧加工程序见表 5-11，右侧见表 5-12。

表 5-11　复杂工件一（左侧）的加工程序

程　　序	说　　明
O5005；	主程序名
G99T0101M03S800；	用 G 指令建立工件坐标系，主轴以 800r/min 正转
G00X52. Z2. ；	快速定位起刀点
G94X−1. Z0. F0. 1；	车端面
G71U1. 5R0. 5；	
G71P5Q10U0. 5W0. 1F0. 2；	
N5G00X22. ；	
G01X30. Z−2. F0. 1；	
Z−22. ；	G71 车循环车削左侧各外形轮廓
X35. ；	
Z−50. ；	
X38. ；	
G03X48. W−5. R5. ；	

续表

程　　序	说　　明
G01Z−61.；	G71 车循环车削左侧各外形轮廓
N10G01X52.；	
G70P5Q10；	
G00X100.Z100.；	
T0202S500；	换 2 号刀，主轴以 500r/min 正转
Z−22.；	
G01X26.F0.1；	切槽
X32.；	
G00X100.Z100.；	
T0303；	
G00X33.Z3.；	

程　　序	说　　明	
G92X29.2Z−20.F2.；	车螺纹	
X28.7；		
X28.2；		
X28.；		
X27.835；		
G00X100.Z100.；		5-5 复杂工件一的加工（左侧）
M05；	主轴停	
M30；	主程序结束并返回	

表 5-12　复杂工件一（右侧）的加工程序

程　　序	说　　明
O5006；	主程序名
G99T0101M03S800；	用 G 指令建立工件坐标系，主轴以 800r/min 正转
G00X52.Z2.；	快速定位起刀点
G94X−1.Z0.F0.1；	车右端面，定总长
G71U1.5R0.5；	
G71P15Q30U0.5W0.1F0.15；	
N15G00X23.；	
Z0.；	G71 车循环车削右侧各外形轮廓
G01X25.Z−12F0.1；	
Z−20.；	
G02X30.Z−32.65R10.；	

G03X38.Z—52.88R16.;	G71 车循环车削右侧各外形轮廓
N30G01X48.Z—60.;	
G70P15Q30;	G70 循环精车
G00X100.Z100.;	
M05;	主轴停
M30;	主程序结束并返回

5-6 复杂工件一的
加工（右侧）

5.3.2 复杂工件二的加工编程

复杂工件二的加工图样及外形如图 5-7 所示。

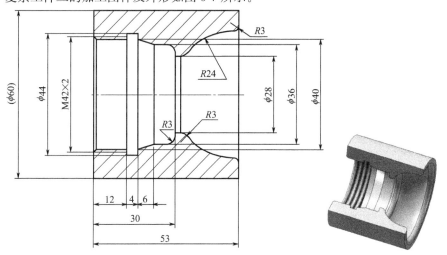

图 5-7 复杂工件二的加工图样及外形

工件毛坯为 $\phi60mm \times 55mm$。根据加工要求，选择 93°机夹外圆车刀、内孔车刀、刀宽为 4mm 的内切槽刀和 60°内螺车刀，并安装在 1、2、3 和 4 号刀位上（$\phi25mm$ 麻花钻安装在尾座上，不参与编程，先手动钻出底孔）。其坐标原点选为零件右端面与轴线的交点。采用固定点换刀方式。左侧加工程序见表 5-13，右侧见表 5-14。

表 5-13 复杂工件二（左侧）的加工程序

程　序	说　明
O5007;	主程序名
G99T0101M03S800;	建立工作坐标系，主轴以 800r/min 正转
G00X62.Z2.;	快速定位循环点
G94X25.Z0.F0.1;	车左端面

续表

程　序	说　明	
G00X100. Z100. ；		
T0202S400；	换 2 号刀，主轴以 400r/min 正转	
G00X25. Z2. ；	快速定位	
G71U1. R1. ；		
G71P3Q10U0. 2W0. 1F0. 15；		
N3G00X46. ；		
G01X40. Z−1. F0. 1；		
Z−16. ；	用 G71 指令循环加工各表面	
X36. Z−22. ；		
Z−27. ；		
G03X30. Z−30. R3. ；		
G01X28. ；		
Z−35. ；		
N10G01X25. ；	退刀	
G00Z100. ；		
X100. ；	至换刀点	
T0303；	用 3 号刀	
G00X25. Z2.		
Z−16. ；	至切槽处	
G01X44. ；	切槽	
G04P2；	暂停	
G01X25. ；	退刀	
G00Z100. ；		
G00X100. ；	至换刀点	
T0404；		
G00X35. Z3. ；	快速定位循环点位置	
G92X40. 7Z−14. F2. ；		
X41. 2；		
X41. 6；	车螺纹	
X41. 9；		
X42. ；		
G00X100. Z100. ；	至换刀点	5-7 复杂工件二的
M05；	主轴停	加工（左侧）
M30；	主程序结束并返回	

表 5-14　复杂工件二（右侧）的加工程序

程　　序	说　　明
O5008；	主程序名
G99T0101M03S800；	建立坐标系，主轴以 800r/min 正转
G00X62.Z2.；	快速定位循环点
G94X25.Z0.F0.1；	车右端面
G00X100.Z100.；	
T0202S400；	
G00X25.Z2.；	
G71U1.R0.5；	
G71P20Q50U0.2W0.1F0.15；	
N20G00X53.67；	
Z0.；	
G02X44.Z−2.67R3.F0.1；	用 G71 循环车削右侧各内表面
G03X30.22Z−18.65R24.；	
G02X28.Z−20.98R3.；	
N50G01X25.；	
G00Z100.；	
G00X100.；	至换刀点
M05；	主轴停
M30；	主程序结束并返回

5-8　复杂工件二的加工（右侧）

5.3.3　复杂工件三的加工编程

复杂工件三的加工图样及工件外形如图 5-8 所示。

工件毛坯为 ϕ100mm 的棒料。根据加工要求，选择 93°机夹外圆车刀、内孔车刀、刀宽为 5mm 的内切槽刀和 60°内螺车刀，并安装在 1、2、3 和 4 号刀位上（ϕ25mm 麻花钻安装在尾座上，不参与编程，先手动钻出底孔）。其坐标原点选为零件右端面与轴线的交点。采用固定点换刀方式。加工程序见表 5-15。

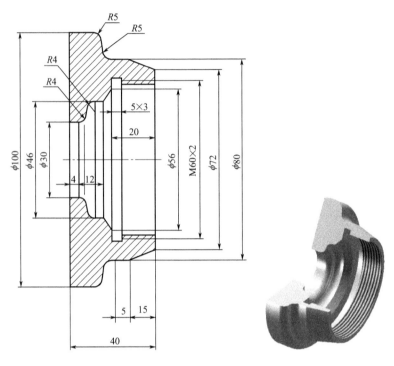

图 5-8 复杂工件三的加工图样及外形

表 5-15 复杂工件三的加工程序

程　序	说　明
O5009；	主程序名
G99T0101M03S800；	用 G 指令建立工件坐标系，主轴以 800r/min 正转
G00X102.Z2.；	快速定位循环点
G94X25.Z0.F0.1；	车端面
G71U1.5R1.；	G71 循环车削各外表面
G71P11Q19U0.4W0.2F0.2；	
N11G00X72.；	至起刀点位置
Z0.；	
G01X80.Z−15.F0.1；	车斜面
Z−20.；	车 ϕ80mm 外圆
G02X90.Z−25.R5.；	车 R5 凹圆弧
N19G03X100.Z−30.R5.；	车 R5 凸圆弧
G70P20Q50；	G70 精车
G00X120.Z100.；	至换刀点
T0202S450；	用 2 号刀，主轴以 450r/min 正转

程　　序	说　　明
G00X25. Z2. ；	快速定位
G71U1. R1. ；	G71 循环车削各内表面
G71P25Q100U0. 2W0. 1F0. 15；	
N25G00X58. ；	至起刀点位置
Z0. ；	
G01Z－20. F0. 1；	车螺纹顶径
X56. ；	车台阶小端面
X46. W－4. ；	车斜面
Z－28. ；	车 $\phi46$mm 内径
G03X38. Z－32. R4；	车 R4 内圆弧
G02X30. Z－36. R4. ；	车 R4 内圆弧
G01Z－41. ；	车 $\phi30$mm 内径
N100G01X25. ；	退刀
G70P25Q100；	G70 精车各内表面
G00X120. Z100. ；	到换刀点
T0303；	用 3 号刀
G00X55. Z2. ；	快速定位
Z－20. ；	至起刀点
G01X64. F0. 08；	切槽
G04P2；	暂停
G01X55. F0. 3；	退刀
G00Z100. ；	
X120. ；	
T0404S400；	用 4 号刀，主轴以 400r/min 正转
G00X55. Z3. ；	快速定位循环点
G92X58. 7Z－18. F2. ；	用 G92 车螺纹，第一次进刀
X59. 2；	第二次进刀
X59. 6；	第三次进刀
X59. 9；	第四次进刀
X60. ；	第五次进刀
G00X120. Z100. ；	至换刀点位置
M05；	主轴停
M30；	主程序结束并返回

5-9 复杂工件三的加工

5.3.4 复杂工件四的加工编程

复杂工件四的加工图样及外形如图 5-9 所示。

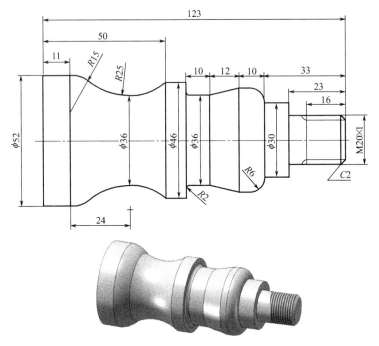

图 5-9 复杂工件四的加工图样及外形

工件毛坯为 ϕ55mm 的棒料。根据加工要求，选择 93°机夹外圆尖车刀和 60°外螺车刀，并安装在 1、2 号刀位上。其坐标原点选为零件右端面与轴线的交点。采用固定点换刀方式。加工程序见表 5-16。

表 5-16　复杂工件四的加工程序

程　序	说　明
O5010；	主程序名
G99T0101M03S800；	用 G 指令建立工件坐标系，主轴以 800r/min 正转
G00X57.Z2.；	快速定位循环点
G94X－1.Z0.F0.1；	车端面
G71U2.R1.；	G71 循环车削各外表面
G71P40Q110U0.4W0.2F0.2；	
N40G00X16.；	至起刀点位置
Z0.；	
G01X20.Z－2.F0.1；	倒角 C2
Z－23.；	车螺纹大径

程　　　序	说　　　明
X30. ;	X 向退刀
W−10. ;	车 ϕ30mm 外圆
G03X46. W−6. R6. ;	车 R6 圆弧
G01W−4. ;	车 ϕ46mm 外圆
X36. W−12. ;	车斜面
W−8. ;	车 ϕ36mm 外圆
G02X40. W−2. R2. ;	车 R2 圆弧
G01X46. ;	X 向退刀
W−8. ;	车 ϕ46mm 外圆
G02X46. W−30. R25. ;	车 R25 凹圆弧
G03X52. W−9. R15. ;	车 R15 凸圆弧
G01W−11. ;	车 ϕ52mm 外圆
N110G01X57. ;	X 向退刀
G70P40Q110;	精车
G00X100. Z100. ;	
T0202S450;	换 2 号刀
G00X23. Z3. ;	

程　序	说　明	
G92X19.5Z−16. F1. ;		
X19.2;		
X19. ;	车螺纹	
X18.9;		
X18.8;		
G00X100. Z100. ;	至换刀点位置	
M05;	主轴停	
M30;	主程序结束并返回	

5-10　复杂工件四的加工

5.3.5　复杂工件五的加工编程

复杂工件五的加工图样及外形如图 5-10 所示。

工件毛坯为 ϕ45mm×100mm。工件先加工左侧再加工右侧，因所需加工刀具较多，加工一侧后需更换刀具并完成对刀后再加工另一侧（对于批量生产可分开加工，即一车床加工左侧，另一车床加工右侧）。加工左侧时，选择 93°机夹外圆车刀、内孔车刀、刀宽为 5mm 的内沟槽切刀和 60°内螺车刀，刀具安装顺序依次为：1 号刀——93°机夹外圆车刀；2 号刀——内孔车刀；3 号刀——5mm 的内沟槽切刀；4 号刀——60°内螺车刀。加工右侧时，选择 93°机夹外圆车刀、刀宽为 5mm 的外沟槽切刀和 60°外螺车

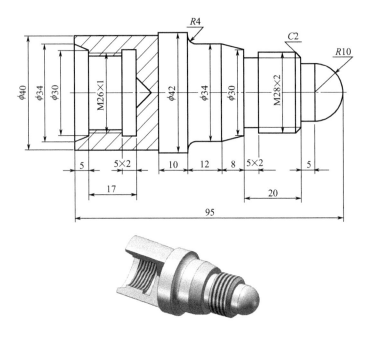

图 5-10 复杂工件五的加工图样及外形

刀，刀具安装顺序为：1 号刀——93°机夹外圆车刀；2 号刀——5mm 外沟槽切刀；3 号刀——60°外螺车刀。麻花钻安装在尾座上，不参与编程，先手动钻出 $\phi22$mm 底孔。其坐标原点选为零件左、右端面与轴线的交点。采用固定点换刀方式。其左侧加工程序见表 5-17，右侧见表 5-18。

表 5-17　复杂工件五（左侧）的加工程序

程　　序	说　　明
O5011;	主程序名
G99T0101M03S800;	用 G 指令建立工件坐标系，主轴以 800r/min 正转
G00X57.Z2.;	快速定位循环点
G94X22.Z0.F0.1;	车端面
G90X42.Z-42.F0.15;	车 $\phi42$mm 外圆
X40.Z-30.;	车 $\phi40$mm 外圆
G00X100.Z100.;	
T0202S400;	
G00X22.Z2.;	快速定位
G71U1.5R1.0;	
G71P5Q8U0.5W0.1F0.2;	G71 车内轮廓表面
N5G00X34.;	

程　　序	说　　明
Z0. ;	
G01X30. Z－5. F0. 1;	
X25. ;	G71 车内轮廓表面
W－17. ;	
N8G01X22. ;	
G70P5Q8;	G70 精车
G00X100. Z100. ;	
T0303;	换 3 号刀
G00X22. Z3. ;	
Z－22. ;	
G01X30. F0. 1;	切内沟槽
X22. ;	Z 向退刀
G00Z100. ;	X 向退刀
X100. ;	换 4 号刀
T0404;	

程　序	说　明	
G00X22. Z3. ;		
G92X25.5Z－19.5F1. ;		
X25. 8;	车内螺纹	
X25. 9;		
X26. ;		
G00X100. Z100. ;	至换刀点位置	5-11　复杂工件五的加工（左侧）
M05;	主轴停	
M30;	主程序结束并返回	

表 5-18　复杂工件五（右侧）的加工程序

程　　序	说　　明
O5012;	主程序名
G99T0101M03S800;	用 G 指令建立工件坐标系,主轴以 800r/min 正转
G00X47. Z2. ;	快速定位循环点
G94X－1. Z0. F0. 1;	车端面
G71U2. R1. ;	
G71P25Q80U0. 5W0. 1F0. 2;	G71 循环车削内轮廓
N25G00X0. ;	

续表

程　　序	说　　明	
Z0.；		
G03X20.Z—10.R10.F0.1；		
G01W—5.；		
X24.；		
X28.W—2.；	G71 循环车削内轮廓	
W—18.；		
X30.；		
X34.W—8.；		
W—8.；		
N80G02X42.W—4.R4.；		
G70P25Q80；		
G00X100.Z100.；		
T0202S450；		
G00X35.Z2.；		
Z—35.；		
G01X24.F0.1；		
X35.；		
G00X100.Z100.；		
T0303；	换 3 号刀	
G00X30.Z—12.；		
G92X27.2Z—32.F2.；		
X26.7；		
X26.2；	车螺纹	
X26.；		
X25.835；		
G00X100.Z100.；	至换刀点位置	5-12 复杂工件五的加工（右侧）
M05；	主轴停	
M30；	主程序结束并返回	

［1］王兵.数控车工技能训练.北京：外语教学与研究出版社，2011.

［2］韩鸿鸾.数控加工工艺.北京：中国劳动社会保障出版社，2005.

［3］王兵.数控车床编程与操作.北京：人民邮电出版社，2011.

［4］关颖等.FANUC 系统数控车床培训教程.北京：化学工业出版社，2007.

［5］王兵.图解数控车工实战 33 例.北京：化学工业出版社，2014.

［6］王兵.双色图解数控车工一本通.北京：机械工业出版社，2015.